社区心理健康服务丛书

黄希庭 顾问 | 陈红 总主编

婴幼儿心理发展教育指南

陈本友　吴钰濛　主编

西南大学出版社
国家一级出版社　全国百佳图书出版单位

图书在版编目(CIP)数据

婴幼儿心理发展教育指南/陈本友,吴钰濛主编. -- 重庆：西南大学出版社,2022.7
(社区心理健康服务丛书)
ISBN 978-7-5697-1303-9

Ⅰ.①婴… Ⅱ.①陈… ②吴… Ⅲ.①婴幼儿心理学—指南 Ⅳ.①B844.12-62

中国版本图书馆CIP数据核字(2022)第102726号

婴幼儿心理发展教育指南
YINGYOU'ER XINLI FAZHAN JIAOYU ZHINAN

陈本友　吴钰濛　主编

责任编辑：任志林
责任校对：郑先俐
装帧设计：观止堂_未氓
排　　版：瞿　勤
出版发行：西南大学出版社(原西南师范大学出版社)
　　　　　　地址：重庆市北碚区天生路2号
　　　　　　网址：http://www.xdcbs.com
　　　　　　邮编：400715　市场营销部电话：023-68868624
经　　销：全国新华书店
印　　刷：重庆市国丰印务有限责任公司
幅面尺寸：170 mm×240 mm
印　　张：15.25
字　　数：241千字
版　　次：2022年7月第1版
印　　次：2022年7月第1次印刷
书　　号：ISBN 978-7-5697-1303-9

定　　价：68.00元

总 序

社区是社会的基本单元,"社区是基层基础,只有基础坚固,国家大厦才能稳固"。十八大以来,随着社会经济的发展和人民生活水平的提高,民众的心理健康问题越来越受到社会各界的广泛重视。党中央、国务院相继出台了一系列相关文件、政策和通知,如2016年由中共中央、国务院印发的《"健康中国2030"规划纲要》、由国家卫生计生委、中宣部等22部门联合印发的《关于加强心理健康服务的指导意见》,均强调了加强心理健康服务的重要意义。

习近平总书记在十九大报告中明确提出"加强社会心理服务体系建设,培育自尊自信、理性平和、积极向上的社会心态"的要求。为了认真落实党中央、国务院关于社会心理服务体系建设的决策部署,打造共建共治共享的社会治理格局,推动社会治理重心向基层下移,实现政府治理和社会调节、居民自治良性互动,国家卫健委、中央政法委等十部委联合印发了《全国社会心理服务体系建设试点工作方案》,该方案是为了通过试点工作探索社会心理服务模式和工作机制而制定的,强调建立健全社会心理服务网络,加强重点人群心理健康服务,探索社会心理服务疏导和危机干预规范管理措施,为全国社会心理服务体系建设积累经验。工作方案的目标是,到2021年底,逐步建立健全社会心理服务体系,将心理健康服务融入社会治理体系、精神文明建设,融入平安中国、健康中国建设。建立健全党政领导、部门协同、社会参与的工作机制,搭建社会心理服务平台,将心理健康服务纳入健康城市评价指标体系,作为健康细胞工程(健康社区、健康学校、健康企业、健康家庭)和基层平安建设的重要内容。

可见,社会心理服务体系建设已成为国家重大需求和战略选择,也是满足人民日益增长的美好生活需要的必然要求。但是,我国的社会心理服务体系建设尚存在不少问题和难题,主要表现为:(1)心理服务体系构建不健全,如基层心理服务平台、教育系统心理服务网络、机关和企事业单位心理服务网络等方面;(2)心理服务人才队伍建设亟待加强,如心理健康领域社会工作专业队伍、心理咨询人员队伍、心理健康服务志愿者队伍等方面;(3)心理健康服务不够优化,如心理健康科普宣传网络、社会心理服务机构发展规范性、医疗机构心理健康服务能力和心理援助服务平台等方面。

为了响应党中央、国务院对社会心理服务体系的战略要求和决策部署,并为解决上述问题尽一份心力,西南大学心理学部、中国社区心理学服务与研究中心组织国内相关领域专家,撰写了这一套符合我国国情的"社区心理健康服务丛书",旨在更好地为相关工作人员提供通俗易懂、简易可得的开展社会心理服务的基本理论和实践指导。概括来看,本套丛书具有如下特点:

第一,鲜明的中国特色。"社区心理健康服务丛书"是我国第一套成体系、有特色的社会心理服务指南丛书,根植于中华传统优秀文化,涵盖残障人士、空巢老人、公职人员、失能老人、留守儿童、婴幼儿、社区老人、军人以及党政干部等人群。众所周知,中国社区与西方社区截然不同,中国文化与西方文化差异巨大。优秀传统文化是中华民族的精神命脉,是最深厚的文化软实力,是涵养社会主义核心价值观的重要源泉。社会心理服务是实施中华优秀传统文化教育的重要抓手,本丛书充分挖掘中华传统文化中的社区和社会心理服务素材,培育社会居民深厚的民族情感、社区氛围素养和人文素养,充分发挥社会心理服务的综合育人效应。丛书以心理学理论指导社会心理服务体系建设,切实提升广大居民的幸福感、获得感和生活质量。

第二,注重实用性。本套丛书通俗易懂,具有突出的实用性和科普性特点。坚持预防为主、突出重点、问题导向、注重实效的原则,强调重点人群心理健康服务,注重探索社会心理服务疏导和危机干预规范管理措施。书中设置常见的社会生活情境,从社会居民的生活实例出发,引导他们自己动手和实践探索,从身边的心理小事做起,主动养成健全人格塑造和健全行为培育的生活习惯,从而达到培育自尊自信、理性平和、积极向上的社会心态的最终要求,为我国社会治理能力的提升和现代化提供切实可用的心理学知识和技巧。社会心理服务体系的核心内容包括建立健全社会心理服务网络、加强心理服务人才队伍建设、保障措施等。本丛书的出版，能够为实现上述目标提供理论素材和理论保障，能够为社会心理服务人才队伍建设和培训提供通俗易懂、切实可用的各类资料素材，也有助于宣传党的社会心理服务体系建设的方针政策和提高社会居民的心理健康科学知识水平。

第三，彰显国家治理能力现代化。社会心理服务体系建设不仅是新时代国家治理体系的重要内容，也是新时代社会治理能力创新的重要手段。国家治理体系和治理能力现代化的三个维度：一是国家权力掌握资源及对其进行合理配置和有效使用的能力；二是国家治理的组织架构解决政治经济社会面临的突出问题的能力；三是社会组织和个体的自治能力。一个现代化的国家治理体系必须具有具备自治能力的社会和个体，体现为社会具有良好的自我组织和自我管理能力，社会公众个体具有较强的自主性和自律性，是具有较高公共理性和法治精神的好公民。本丛书有助于推进国家治理体系和治理能力现代化，是努力建设更高水平的平安中国，促进公民身心健康，维护社会和谐稳定的理论保障和党中央政策落地的心理学途径。

希望本丛书能为我国社会心理服务体系建设、相关政策的制定和社会实践提供心理学思路和科学依据，助力解决宏观社会心理问题，建设强大的国民心理，运用心理学规律和手段实现社会的"柔性治理"，使每位社会公民成为自尊自信、理性平和、积极向上的幸福进取者。

是为序。

陈红

2022年4月25日

前 言

婴幼儿发展有着自身独特的心理特征,其心理发展与成人有着很大的区别。学前教育工作者及婴幼儿父母或其他监护人需要掌握相关的理论知识和技巧,这样才能根据婴幼儿的心理和行为发展特征对其进行特定的引导和教育,父母或其他监护人才能与孩子进行积极有效的互动交流,建立和谐友爱的亲子关系,创造有利于婴幼儿身心健康发展的社会及心理环境。

本书旨在以通俗易懂、幽默风趣的方式来将抽象的知识具体化、简单化,使婴幼儿心理发展的相关专业知识更贴近婴幼儿生活实际和行为表现,方便幼儿教育工作者和父母或其他监护人阅读与理解;每章按照知识讲解和方法策略(知识运用)展开,在每个小节的板块设计上,运用心理叙事、心理解读、心灵小结及心灵体验(漫画)四个部分依次叙述;从案例导入出发,通过科学解读婴幼儿常见的心理行为及问题表现使读者产生共鸣,深入理解;通过章节小结和方法策略清晰呈现出教育工作者引导婴幼儿心理和行为发展时应当注意的事项,以漫画形式映射出当前师幼关系、同伴关系、亲子关系中的常见问题,以期能给予家长、教师一些启发和感悟。

全书共分为十一章。第一章主要概述婴幼儿心理发展的特征及基本常识,第二章至第七章主要从婴幼儿的兴趣和需要、感知觉、注意和记忆、想象及思维、言语、情绪情感等方面介绍其心理特征及引导策略,第八章介绍婴幼儿和同伴、父母及教师交往的社会性特征和发展方法,第九章阐述了婴幼儿的"从众"道德特征及促进道德发展的相关策略,第十章和第十一章从婴幼儿的性别、个性出发,介绍了婴幼儿的性别角色意识和性格气质特征,以及促进性别角色发展和个性发展的策略技巧。

本书的出版是集体智慧的结晶,各章的执笔人分别为:陈本友(第一章),吴钰濛(第三章、第五章),胡倩(第七章、第九章),罗艳艳(第二章、第十一章),沈煜珂(第四章、第六章),覃雪筠(第八章),任宇婷(第十章)。书稿撰写完成后,由陈本友、吴钰濛负责统稿,陈本友最终审定。

在编写本书的过程中,我们参考了国内外大量优秀文献和著作资料,虽然我们尽力标明了各资料的来源和出处,但是由于资料收集繁杂广泛,难免有所遗漏,因此我们对所有被引用的参考文献资料作者表示由衷的感谢,对未能标明来源的资料作者表示深深的歉意。同时,感谢西南大学出版社对本书的撰写提供的无私帮助和大力支持。

在撰写本书的过程中尽管我们已经做出了巨大努力,但是由于能力和水平的限制,本书仍然有疏漏和不足之处,恳请广大读者不吝赐教,督促我们在今后的修订过程中加以完善和改正。

陈本友

2021年11月于西南大学

目 录

总 序 ······ I

前 言 ······ I

第一章 婴幼儿心理发展概述 ······ 1
 一、什么是婴幼儿心理发展 ······ 1
 二、不得不知的婴幼儿心理发展基本常识 ······ 7
 三、促进婴幼儿心理发展的六大宝藏 ······ 13

第二章 婴幼儿的兴趣与需要 ······ 22
 一、贪玩并不见得是坏事——认识婴幼儿的兴趣与需要 ······ 22
 二、兴趣和需要是最好的老师 ······ 28
 三、促进婴幼儿心理需求发展的小小建议 ······ 34

第三章 婴幼儿的感觉和知觉 ······ 42
 一、婴幼儿如何"望闻问切" ······ 43
 二、婴幼儿是如何回应这个世界的 ······ 50
 三、发展婴幼儿感知觉的小小方法 ······ 59

第四章 婴幼儿的注意和记忆 ······ 64
 一、婴幼儿好动是好事还是坏事 ······ 65
 二、"我昨天就去过游乐园"真的是撒谎吗 ······ 71
 三、提高婴幼儿注意力和记忆力的小小策略 ······ 75

1

第五章　婴幼儿的想象和思维 ……………………………………… 80
一、"老师,我的梦想是变成超级飞侠帮助别人!" …………… 80
二、爸爸的爸爸是爷爷——婴幼儿会推理 …………………… 86
三、培养婴幼儿想象和思维的小小方法 ……………………… 93

第六章　婴幼儿的言语 ……………………………………………… 99
一、"妈妈,喝水!"是什么意思——沟通的艺术 ……………… 99
二、绘本——婴幼儿早期阅读的精神食粮 …………………… 107
三、促进婴幼儿言语发展的小小策略 ………………………… 112

第七章　婴幼儿的情绪和情感 …………………………………… 119
一、喜怒哀乐——教你正确认识婴幼儿的情绪 ……………… 119
二、你不可以这样做——婴幼儿情感的发展 ………………… 126
三、培养婴幼儿良好情绪情感的小小途径 …………………… 133

第八章　婴幼儿的社会交往 ……………………………………… 140
一、亲子交往——人际交往初体验 …………………………… 141
二、师幼互动如何开展 ………………………………………… 147
三、学会分享——婴幼儿的同伴交往 ………………………… 153
四、培养婴幼儿社会交往的小小措施 ………………………… 158

第九章　婴幼儿道德发展 ………………………………………… 164
一、"说过多少次了,为什么还是犯错!"——婴幼儿道德构成 …… 165
二、人云亦云——婴幼儿道德发展 …………………………… 170
三、促进婴幼儿道德发展的小小建议 ………………………… 178

第十章　婴幼儿的性别角色 ……………………………………… 185
一、"爸爸妈妈不一样?"——婴幼儿性别角色意识 ………… 185
二、"妈妈,我不可以玩小汽车吗?"——婴幼儿性别角色发展的差异 …… 191

三、促进婴幼儿性别角色发展的小小方法 ························· 197

第十一章　婴幼儿的个性发展 ························· 205
　　一、我是谁——婴幼儿自我意识的发展 ························· 206
　　二、小身体大能量——婴幼儿能力的发展 ························· 213
　　三、活泼还是安静——婴幼儿性格和气质的发展 ························· 217
　　四、培养婴幼儿个性的小小建议 ························· 223

参考文献 ························· 229

第一章　婴幼儿心理发展概述

内容简介

　　良好的开端是成功的一半。婴幼儿发展是人生发展的第一个阶段,也是可塑性强、心理快速发展的关键期,其发展状况直接影响日后心理的健康发展。一般来说,婴幼儿心理发展包括感知觉的发展、兴趣和需要的发展、注意和记忆的发展、言语的发展、情绪情感的发展,以及个性的发展等诸多方面;婴幼儿的这些心理发展正常与否也与诸多因素的综合作用密切相关,主要包括遗传、环境和婴幼儿本身等因素。家长和幼儿教师应当明确婴幼儿阶段的心理发展常识与需求,实现家园有效沟通与合作,共建良好氛围,促进婴幼儿心理健康发展。

目录
一、什么是婴幼儿心理发展
二、不得不知的婴幼儿心理发展基本常识
三、促进婴幼儿心理发展的六大宝藏

一、什么是婴幼儿心理发展

心理叙事

东东1岁零10个月了,有一次他跟爸爸在家里玩堆积木的游戏,玩了一会儿后，东东想喝水，于是他抓着爸爸的手，指向旁边的橱柜，嘴里喊着："爸爸，喝水。"爸爸先是一愣，然后笑嘻嘻地说："东东，我不渴。"就继续玩积木游戏了，东东发现爸爸没有明白他的意思，急得用力抓紧爸爸的手，摇头说："不、不！爸爸，喝水。"爸爸有点生气，对着东东说："东东，爸爸不是跟你说了嘛，我不渴！你还玩不玩积木，爸爸要工作了，你自己玩啊！"东东一听，急得哭了起来，嘴里嘟囔着："爸爸不好，爸爸不好！"爸爸正要发火，恰巧妈妈听到哭声从屋里出来，东东看到妈妈就跑过去，哭着说："妈妈，喝水。"妈妈若有所思地想了想，明白了东东的意思，于是从旁边的橱柜里拿出杯子，给东东盛了一杯温开水，东东马上露出笑容，咕咚咕咚地喝了起来，边喝边用眼睛瞅着爸爸，好像在说："哼，还是妈妈好！"一旁的爸爸看了后，有点羞愧地说："原来是你想喝水啊！实在抱歉，爸爸没有明白你的意思。"一旁的妈妈笑了笑，小声地对着东东的爸爸说："看来你需要补课了，有时间多看看有关婴幼儿心理发展方面的书吧！"接着妈妈蹲下身，对着东东说："以后如果你想喝水，就跟爸爸说'爸爸，我想喝水'。"东东笑着点了点头，又继续玩积木游戏了。

从上面的情境中，我们可以看出东东具有了一定的言语表达能力，但不能完整地表达心理需求，引起了爸爸的误解，而妈妈适时出现化解了东东和爸爸的冲突，反映了婴儿心理发展中面临的一系列问题。此案例中，东东的言语表现正反映了婴儿时期言语发展的典型特点，即该年龄阶段（1岁到2岁半）的婴儿言语发展处于双词句、电报句阶段，典型特征是婴儿能说出很多事物的名称，比如太阳、汽车、乖乖熊等，也能表达一些想法，比如喝水、吃苹果等，但由于言语发展不够成熟，加之自我意识还不强，不会使用我、你、他等人称代词，所以还不会使用完整的句子来表达内心的需求，这就是所谓的电报句。同时还会借助表情和动作来辅助言语表达，属于典型的感知动作思维，即必须让婴儿感觉到事物的存在，并让他们亲自用手操作，同时成人还要做好正确的示范，才能有效地促进其言语、思维的发展。作为家长，一定要了解婴儿的这些言语和思维发展特点，明确他们真正的心理需求，切记不能取笑孩子，更不能责备他们，应该抓住婴幼儿该年龄阶段的言语表达可塑性强的特点，适时教会孩子如何正确完整地表达语句。在成人的合理引导和正确示范下，婴儿会越发感到自信，愈发主动地探究周围的世界，更加大胆地表达内心的需求，从而促进婴儿身心各个方面得到和谐发展。

总之,该案例反映了婴儿心理发展中面临的一系列典型问题的某些方面,即言语和思维发展。除此之外,婴幼儿心理发展还包括感知觉、兴趣需要、情绪情感、个性等诸多心理发展问题。家长和幼儿教师应该掌握婴幼儿心理发展各个方面的特点和规律,了解婴幼儿行为背后的原因,适时采取合理措施,正确引导和示范,才能更有效地促进婴幼儿心理的正常发展。

心理解读

一般来说,心理是人脑对客观事物的主观反映,人脑是心理产生的物质器官,客观事物是心理的具体内容,主观反映表明不同的人对客观事物的反映是不一样的。心理主要包括心理过程、心理状态和个性心理三大部分。其中,心理过程又包括认知过程、情绪情感过程和意志过程;心理状态包括注意、心境、灵感、犹豫等;个性心理主要包括需要、兴趣、能力、气质和性格等。由此可见,心理是一个多维度多层次的复杂系统,包括诸多方面,但鉴于婴幼儿心理发展处于比较低的阶段,其心理大多属于对成人心理的简单模仿,且需要成人的引导和呵护。因此作为家长和幼儿教师,必须明确婴幼儿心理发展具体包括哪些方面,以及每个方面的发展特点和规律,掌握"度"的原则,做到适可而止、恰到好处地促进婴幼儿心理和谐发展。

1.心理发展基本观点

心理发展是心理的各个方面在与周围环境的相互作用中,由弱变强、从简单到复杂、由低级到高级、从不成熟到成熟所发生的一系列的连续变化,这一发展不仅有量的变化,更有质的改变。但并非所有的心理变化都可称为心理发展,例如,由于疾病、药物和疲劳等原因引起的偶然性的心理变化是不能称为发展的,只有那些发生在个体身上稳定的、有规律的、持续的变化才能称为心理发展。一般来说,心理发展包括两种性质相反的心理变化过程。一种是渐进上升的积极心理变化,称为常态发展,例如正常婴幼儿的心理发展;另一种是偏离常态发展的异常心理变化,称为异常发展,比如特殊婴幼儿的心理发展,但老年期的心理衰退变化属于正常的心理发展。

关于婴幼儿的心理发展，一般存在两种不同的发展观。一种是"渐进论"观，该观点认为人的心理发展是一个量变过程，即从婴幼儿到成人的心理发展是一个逐渐递进的连续变化过程；另一种是"阶段论"观，该观点认为人的心理发展是一个质变过程，即从婴幼儿到成人的心理发展是一系列不同质的阶段构成的非连续过程，不是一个连续的量变过程。从唯物辩证法来看，这两种关于心理发展的观点都失之偏颇。实际上，心理发展既有量变过程，也有质变过程，是一个包含了不同质的连续阶段变化过程。例如，思维发展就是由感知动作思维（3岁前）到形象思维（6岁前），再到抽象思维（11～12岁前）和辩证思维（青春期后）的连续阶段变化过程；言语发展也是由咿呀学语（1岁前）、单词句（1岁左右）、双词句（1岁半左右）、电报句（2岁左右）和完整语句（3岁前）等阶段构成的前后相继的连续发展历程。

心理发展与生理发育是两个不同的发展变化过程。前者是心理上的发展变化，例如情感、态度、兴趣、智力结构等的发展变化；而后者是生理上的发展变化，例如神经细胞、身体器官、组织的分化和功能的不断完善等。但是两者之间有着不可分割的密切关系。如前所述，脑是心理的物质器官，没有脑就没有心理发展。因此，生理发育，尤其是脑和神经系统的生长发育，为心理发展提供了重要的物质基础，而随着婴幼儿的生理发育，他们的学习、记忆和思维等能力也在不断提升，兴趣、态度、价值观和性格等心理要素也在不断变化。

关于婴幼儿心理发展的动力，唯物辩证法认为，"矛盾是推动一切事物发展的根本动力"，婴幼儿心理发展也是如此。在婴幼儿的生活实践活动中，在他们与周围环境相互作用的过程中，社会和教育向婴幼儿提出了发展要求，由此引发的新需求与婴幼儿已有的心理发展水平之间存在着不平衡，而婴幼儿想努力达到平衡（新的需求），是婴幼儿心理发展的根本动力。例如，婴幼儿想吃糖，糖的正确发音是"táng"（社会和教育要求），但是婴幼儿的言语发展水平较低，只能发出"ta"（婴幼儿现有心理发展水平），这容易引起成人的误解（不平衡）。为了准确表达语言（新的需求），婴幼儿促使自己（动力）主动地探究，不断地成长，积极地学习，心理就会不断地发展。

婴幼儿心理发展处于人的毕生发展的第一个阶段，属于相对低级、简单、不够成熟的阶段，但却是至关重要的一个阶段。俗语"三岁看七岁，七岁看到老"，说的就是婴幼儿心理发展对后续心理发展的关键作用。家长和幼儿教师应该高度重视婴幼儿心理发展是否符合常态,这对其后续发展,乃至成就高低至关重要。

2.婴幼儿的基本心理发展

心理发展的表现形式多种多样,一般来说,包括三个主要方面:心理过程发展、心理状态发展和个性心理发展。鉴于婴幼儿心理发展的特殊性,也便于家长和幼儿教师学习,本书精选了婴幼儿阶段比较重要的几个发展主题分别进行简单的说明,后续章节将会做出更加详细的介绍。

心理过程发展:心理过程发展是婴幼儿阶段最基本的发展之一,也是整个心理发展的重要基础,主要包括感觉和知觉的发展、记忆的发展、想象和思维的发展、言语的发展、情绪情感的发展等方面。其中,情绪情感属于情绪发展,其他属于认知发展,二者相互联系、相互影响、相互促进。俗话"知之深,爱之切,爱之愈切,知之愈深",说的就是认知发展与情绪发展的相互关系。生活中,经常可以看到孩子对《小猪佩奇》了解越深,就越喜欢看有关的书籍和动画片;反之,越喜欢看此类的书籍和动画片,对《小猪佩奇》的理解就越深。家长和幼儿教师一定要尽可能多给孩子提供丰富的事物,多带孩子见见外面的世界,多让孩子接触喜欢的物品,多让孩子聆听优美的音乐等,从而满足孩子认知发展和情绪情感发展的需要。

个性心理发展:个性心理发展是婴幼儿心理活动中表现出来的相对稳定的特点,主要包括个性倾向性和个性特征。前者主要表现为兴趣、需要,属于心理发展的动力因素;后者主要表现为能力、气质和性格。俗话"江山易改,本性难移""千人千面,万人万样",说的就是个性。生活中,我们经常可以看到有些孩子观察画册细致入微,有些孩子却粗枝大叶;有些孩子活泼好动,有些孩子严肃文静;有些孩子做事敏捷果断,有些孩子却优柔寡断……这些都是个性上的差异,作为家长和幼儿教师要了解孩子的个性特长,做到因材施教、扬长避短,才能弘扬个性。

注意发展:注意是所有心理发展必须具备的一种心理准备状态,是一种比较重要的心理状态。注意力是衡量婴幼儿注意发展状况的一个重要指标,比如,目不转睛、专心致志等都是注意力良好的表现;而目光恍惚、左顾右盼等都是注意力不良的表现。生活中,也会看到有些孩子看书入迷,有些孩子边看书边玩耍;有些孩子堆积木聚精会神,有些孩子却东张西望。但在婴幼儿阶段,他们的注意力还不够稳定,需要成人适时引导,才能养成良好的注意力。

道德发展:道德发展是婴幼儿心理发展的一个重要方面,是婴幼儿初步认识伦理道德规则和社会准则,形成初步的道德认知、道德情感和道德行为的重要发展阶段。虽然在婴幼儿阶段的道德发展还算不上社会意义上的道德,更多是模仿、服从成人的权威,但却是形成道德意识、规则意识的重要时期。毫无疑问,道德发展是婴幼儿整个心理和谐发展的基础,道德发展不良,轻则出现生活困扰、社会不适,重则会带来社会冲突,引发攻击。近年来,校园频频出现欺凌、霸凌现象,与儿童时期道德发展不良不无关系。道德与规则意识的养成要从娃娃抓起,这已经得到很多心理学家和教育学家的认同。

性别角色发展:性别角色发展是婴幼儿性别化的一个重要方面,是形成性别意识和获得性别角色标准的过程。婴幼儿阶段是婴幼儿性别角色萌芽和形成初步的性别角色标准的关键时期,家长和幼儿教师需要做好引导和示范,帮助孩子认识自己的性别,正确地表现自己的性别行为。比如,教会孩子正确地上厕所,保护自己的隐私部位,选择适合自己性别的衣服、玩具,参加适合自己性别角色的益智类游戏,与异性孩子恰当地交往等。

社会交往发展:社会交往是婴幼儿之间相互往来,借助交往工具进行沟通交流的社会活动过程,是发展婴幼儿同伴关系的重要手段。人是社会关系的总和,因此必须要进行社会交往。婴幼儿社会交往也是婴幼儿心理发展的一个方面,是心理健康发展不可或缺的重要部分。俗话"礼尚往来,人情复生",说的就是正确的社会交往对人际和谐的重要作用。家长和幼儿教师要以身作则,引导孩子进行正确的社会交往。比如,不小心撞到小朋友,要说"对不起";玩别人的玩具,要先征得别人的同意,用完后要说声"谢谢"等。

❋ 心灵小结

1. 婴幼儿心理发展是人的毕生发展的第一个关键时期,是许多心理现象萌芽和初步形成的重要时期。

2.婴幼儿心理发展是在与周围环境的相互作用中,通过婴幼儿自己主动的实践而不断发展起来的。家长和幼儿教师应给孩子提供丰富的感官刺激,满足心理发展的需要。

3.婴幼儿心理发展是一个多维度多层次的复杂系统,主要包括感知觉、兴趣和需要、注意和记忆、言语、想象和思维、道德、社会交往、个性、性别角色等心理要素的发展。

4.当婴幼儿面临心理发展困境或处于心理冲突时,家长和幼儿教师应当理解,并进行正确引导和示范,促进婴幼儿心理和谐发展。

二、不得不知的婴幼儿心理发展基本常识

心理叙事

楠楠今年3岁零5个月了,爸爸妈妈给她买了很多布娃娃,她非常喜欢这些布娃娃,一有空就抱着玩。今天,妈妈买了一些楠楠平时最喜欢的零食。楠楠一边吃零食,一边玩娃娃。这时她拿起旁边的一个名字叫珍妮的芭比娃娃,说道:"珍妮,你喜欢吃巧克力豆吗?妈妈给我买了很多零食,有我最喜欢的巧克力豆,来,我们一起吃。"说着,拿起一个巧克力豆就往珍妮的嘴里塞,边塞边说:"记住,别把巧克力豆含在嘴里,要先嚼一嚼,再咽下去噢。"旁边的奶奶看见了,说道:"楠楠,芭比娃娃不会说话,更不会吃巧克力豆,把巧克力豆弄脏了就不能吃了。"楠楠一听,噘起小嘴说:"她跟我一样,会说话,能吃巧克力豆!"说完,又继续给珍妮喂巧克力豆。喂完后,她又把珍妮放在沙发上,说道:"珍妮,你是不是累了,想睡觉吗?好的,你躺下,我给你盖上被子,躺在床上,不要乱动哦。你呀,不要踢被子,睡觉踢被子要着凉的,要是生病了,就要去医院打针了,打针会疼的。"旁边的妈妈和奶奶都有点懵,因为她们发现,最近一段时间,楠楠老是认为家里的玩具都跟人一样是有生命的,经常跟它们说话交流。她们疑惑不解,怀疑楠楠的心理发展出现了问题。

从上面的故事来看,楠楠"错误"地认为周围的玩具都是有生命的,跟她一样会说话,会吃巧克力豆,也跟她一样会睡觉,生病要打针等,其实这是幼儿心理发展过程中的一个特殊现象,确切地说,是思维发展过程中的一个典型特点。心理学家认为,婴幼儿在思维发展的某个阶段会出现"泛灵论"的特征,即把无生命的物体看成是有生命和能活动的东西,一般发生在2~6岁的幼儿身上。该阶段的幼儿认为一切事物都跟人一样具有生命、有意识、能活动。例如,常把布娃娃当作活的玩伴,跟它们进行游戏、玩耍和交谈。幼儿出现泛灵论的思维特征一般认为是该阶段的幼儿处于主观世界和客观世界尚未分化的混沌状态,由于对认识世界缺乏必要的知识,对事物之间的因果关系和逻辑关系也不甚明了,所以思维发展常常出现"泛灵论"的现象。但是随着年龄增长,万物有灵思维的范围会逐渐缩小。6~8岁的儿童已经把有生命的事物限定在能活动的物体上,8岁以后会把有生命的物体限制在自己能活动的东西上,更晚些时候才会将有生命的东西限定在动植物身上。

总的来说,幼儿思维发展呈现出了该阶段特有的一些发展特征,我们称之为年龄特征,不同的年龄特征代表了不同的发展阶段,典型的年龄特征是划分心理发展阶段的重要依据。同时,我们也发现,幼儿的心理发展呈现出一定的规律性,不同幼儿甚至同一幼儿的心理发展也存在一定的差异性,我们将这些称为幼儿心理发展的基本常识。作为家长和幼儿教师,需要掌握幼儿心理发展的这些基本常识,才能深入地认识和理解幼儿。

心理解读

婴幼儿心理发展是心理活动不断被改造,日趋成熟、完善和复杂化的过程,这一过程不是一次性完成的,而是连续变化、不断完善的;同时它也不是杂乱无章的,而是有规律可循的;不仅有量的增长,也有质的"飞跃";不仅有不同的心理矛盾,也存在不同的发展任务。整个心理发展过程表现出一些稳定的、普遍的特点,这就是婴幼儿心理发展的基本常识,也是广大家长和幼儿教师不得不知、不得不备的婴幼儿心理发展的基础知识。

1. 年龄特征和发展阶段

婴幼儿心理发展既有连续性又有阶段性,那么阶段与阶段之间是如何划分的,每个阶段又有哪些典型的特征?由于婴幼儿阶段是人生心理发展的关键时期,几乎每年都在发生质的变化。心理学家为了便于区分不同发展阶段上的心理发展特征,提出了"年龄特征"和"发展阶段"。不管是"年龄特征",还是"发展阶段"都是心理发展和教育工作的出发点,家长和幼儿教师必须高度重视。

年龄特征是在一定条件下,婴幼儿在一定年龄阶段中表现出来的一般的、稳定的、典型的心理特征。这里的"一定条件"是指婴幼儿出生后面临的生活环境和教育条件,虽然婴幼儿的发展带有一定的主动性,但内因是要靠外在条件来激发和推动的,婴幼儿具有好的天赋,但如果没有好的环境和教育,也是兑现不了的。例如,婴幼儿想表达,但成人不跟他们交流,言语表达就会受阻;婴幼儿想听音乐,成人给他们听喜欢的歌曲,乐感能力就发展起来了。"一定年龄阶段"指的是婴幼儿在每个年龄段都有一些占主导地位的心理发展特征,不同的年龄段,具有不同的发展任务。例如1岁左右的儿童能独立行走,会说出物体的名称,喜欢模仿别人说话,喜欢听成人阅读;2岁左右的儿童能跑、跳和攀爬,会使用电报句表达意思,会用"我"和"我的"来表达自己的想法,父母或伙伴沮丧时会安慰,喜欢看图画书等。一般的、典型的、稳定的心理发展特征是指年龄特征,其是相对的,不是绝对的。"一般的"强调年龄特征属于该年龄阶段的普遍特征,不排除存在智力超常儿童,例如有些3岁的孩子就表现出5岁,甚至6岁年龄段孩子的部分心理发展特征(复述故事),但大多数3岁的小孩还不能完整地复述成人讲过的故事。"典型的"强调年龄特征是该阶段占主导地位的发展特征,代表了该阶段心理发展的主要任务,例如"咿呀学语"就是1岁左右孩子的典型心理发展特征,需要成人多跟孩子沟通,正确地教孩子如何发音。"稳定的"强调年龄特征在相当长的时间内是稳定不变的,但不是一成不变的,例如随着社会文明的进步、科技的发达、生活和教育条件的改变,很多婴幼儿的年龄特征都有提前的趋势,30年前,流行的俗语是"三岁看八岁,八岁看到老",10年前流行的是"三岁看七岁,七岁看到老",也许再过10年或者20年,就会变成"三岁看六岁,六岁看到老"。

发展阶段是心理学家为了研究的方便或根据研究的结果将人的一生划分成的几个连续且不同的阶段。发展阶段的划分依据多种多样,包括生理年龄、年龄特征、学制分段、心理活动、行为模式等划分方法。例如,以"智力结构"这一年龄特征来划分人的认知发展阶段,一般分为四个阶段:感知—运动阶段(0~2岁)、前运算阶段(2~6岁)、具体运算阶段(6~12岁)、形式运算阶段(12~15岁)。目前较为普遍的划分方法是依据生理年龄特征来划分的:新生儿期(1个月大以前)、乳儿期(1岁以内)、婴儿期(1~3岁)、幼儿期(3~6岁)、儿童期(6~12岁)、少年期(12~15岁)、青年期(15~18岁)、成年期(18岁以后)。由于婴幼儿阶段属于身心发展的第一个快速发展期,几乎每年都在发生一些质的改变。所以,在进入幼儿园阶段,由于接受了比较正规的学校教育,又会区分亲子班(2岁左右)、幼儿小班(3~4岁)、幼儿中班(4~5岁)和幼儿大班(5~6岁),以便根据婴幼儿心理发展状况,进行更合适的教育,促进他们心理健康发展。

2. 心理发展的连续性和阶段性

婴幼儿心理发展是一个持续不断的由量变到质变的渐进变化过程,类似于波浪式的上升曲线。有些心理发展在某些阶段发展得特别快,上升趋势明显,而在有些阶段的发展趋于平稳;趋于上升比较快的区域就构成了一个特有的发展阶段,这就是所谓的心理发展的连续性和阶段性。

婴幼儿心理发展是一个连续的量变过程。不管是观察到的细小行为变化还是内在的心理发展过程,都是以无数小的、相互关联的数量增减的形式出现的,是可以用增长曲线和成长轨迹的形式描述出来的。例如,婴儿在出生后几个月内只能自发地发出一些简单的音,比如"嗯""啊"等,但这个时候的发音还不太准确;随着时间的推移,加上成人比较规整的发音的影响,婴儿就慢慢地学会了模仿,在1岁左右,开始"咿呀学语"。随后语言发展渐次走向单词句、双词句、电报句、完整句,这就是语言发展的连续性,前一阶段的发展为后续阶段的发展提供了必要的基础,后续阶段是前一阶段的深度延伸。

婴幼儿心理发展也是一个前后相继的质变过程。不管是何种心理发展都会表现出若干前后相继的发展阶段,不同的阶段表现出与其他阶段不同的典型特征和主要任务。年龄特征是划分心理发展阶段的重要指标,例如,2~3岁的婴儿拿起一个芭比娃娃就用手拍拍,并说"不哭,不哭",这就是直觉行动思维(阶段一);随着与外界事物的接触越来越多,婴儿记住的事物的形象也越来越多,慢慢地不需要借助外物,依靠大脑中保存的事物形象就能进行思维了,这就是形象思维(阶段二);随后,语言的成熟发展,使得语词与事物的形象联系起来,儿童慢慢地用语言来进行思维,这就是抽象逻辑思维(阶段三)。每个阶段都有不同于其他阶段的典型的年龄特征。

婴幼儿心理发展是连续性和阶段性的有机统一,是一个渐进性的量变过程和跃进性的质变过程的融合统一。当某个心理特征发展到一定阶段(量变),就会过渡到一个更高的发展阶段(质变),不断地量变和质变,婴幼儿的心理就不断地发展和成熟起来了。

3. 心理发展的顺序性

一般来说,婴幼儿心理发展是按照一定的方向并遵循一定的顺序由低级到高级、从简单到复杂、由不成熟到成熟而渐进发展的。古语"不积跬步,无以至千里;不积小流,无以成江海",讲的就是事物发展是按照一定的顺序和方向展开的,婴幼儿心理发展也是如此,而且婴幼儿心理发展的顺序是不可逾越也不可倒退的,在发展速度上可能有快慢,但顺序是不可改变的。例如,婴幼儿动作技能的发展一般遵循抬头→翻身→坐立→爬行→蹲站→行走的顺序。俗话"三翻六坐八爬",讲的也是翻、坐、爬的发展顺序;思维的发展也是经历动作思维、形象思维和抽象思维的发展顺序;道德的发展也是由被动地遵循外在的规则到主动地遵循内在的标准发展的。家长和幼儿教师一定要谨记这个发展规律,循序渐进,切忌拔苗助长。

4. 心理发展的不均衡性

婴幼儿心理发展虽然遵循一定的顺序,但并不是按照相同的模式、相等的速度直线式发展的,而是表现出一定的不均衡性,主要表现在心理机能在发展速度、成熟水平、起止时间上是不一样的,即使是同一心理机能,在不同发展阶段其发展速率也不一样。例如,就整个心理发展来看,婴幼儿时期是心理发展的第一个快速期,然后是童年期的平稳发展(小学阶段),青春期是第二个快速期,然后是平稳发展期,最后是老年期心理机能的衰退。此外,一般来说,婴幼儿感知觉发展要早于语言发展;婴儿期(1~3岁)是口头语言发展较快,而幼儿期(3~5岁)是书面语言发展较快;4岁前是形象视觉发展的关键期,5岁前是学习音乐的关键期。

婴幼儿心理发展的不均衡性说明心理机能的发展在某个发展阶段存在一个快速发展期,心理学家一般把这个快速发展期称为心理发展的关键期或敏感期。在心理发展的关键期,只要提供合适的环境条件,心理发展就事半功倍;否则,错过关键期,心理发展可能就是事倍功半。例如,印度"狼孩"的发现,就典型地说明了关键期对心理发展的重要性。资料表明,在印度发现的两个"狼孩",大的约8岁,小的约2岁,发现时两个孩子基本上完全具有狼的生活习性,不会人类的语言,也不会表达情绪等。后来虽然经过人类的教育,但由于错过了心理发展的关键期,小的第二年就死去了,大的活到约17岁,但两个孩子死的时候都没有完整地掌握人类的语言,只会说一些简单的词语和句子,智力只相当于3~4岁孩子的水平。作为家长和幼儿教师要熟悉婴幼儿心理发展的关键期,并提供合适的环境条件,才能促进他们心理机能的正常发展。

5.心理发展的差异性

婴幼儿心理发展总要经历一些共同的发展阶段,但在不同的婴幼儿心理发展之间也会表现出一定的差异性,具体表现为不同的婴幼儿心理发展的速度、心理发展的优势、心理发展的水平、心理发展表现的早晚等方面都存在一定的差异。因材施教、天赋异禀、大器晚成等成语说的就是心理发展的差异性,因为先天遗传和后天环境的差异,导致每个婴幼儿心理发展都或多或少地出现一些特殊的方面。例如,有些婴幼儿观察能力强,有些记忆能力强;有些婴幼儿对美术比较敏感,而有些对音乐特别感兴趣;有些婴幼儿喜欢交往,能说会道,而有些却喜欢安静,寡言少语。作为家长和幼儿教师要懂得这些基本知识,才能提供合适的环境条件,最大限度地促进婴幼儿心理和谐发展。

总之,婴幼儿心理发展既有一些共同的方面,也给我们展示了他们心理发展的一些不同方面。家长和幼儿教师必须谨记这些婴幼儿心理发展的基本常识,才能在合适的时间,提供适合的措施,帮助婴幼儿心理健康发展。同时,我们不禁要问,婴幼儿心理发展为什么会出现发展的不均衡性,以及发展的差异性呢?有的家长和幼儿教师也会疑惑:很多婴幼儿都在一起参加活动、接受教育,为什么心理发展还是不一样呢?我们接下来就要探讨这个问题。

❋ 心灵小结

1.婴幼儿心理发展呈现不同的阶段,每个阶段都表现出一些特有的心理发展特征。

2.婴幼儿心理发展既有阶段性,也有连续性,是一个从低到高的顺序发展过程。

3.婴幼儿心理发展在发展速度和成熟水平方面具有不均衡性。

4.婴幼儿心理发展具有差异性,不同婴幼儿的心理发展是不一样的。

三、促进婴幼儿心理发展的六大宝藏

心理叙事

果果今年4岁了,口齿伶俐,思维敏捷,能流利地背诵很多古诗词,小小年纪已经记住了1 000多个汉字,能计算100以内的加减法。她的爸爸妈妈都是大学教授,邻居们都很羡慕:"遗传了这么好的素质,将来一定非常优秀。"也有一些邻居不以为然,认为孩子的发展还是要看教育,因为小区里也有一些夫妇学历不高,自孩子出生后就非常重视孩子的早期教育,跟果果年龄相仿的腾腾也能顺利地背诵《三字经》《千字文》,以及唐诗宋词等。还有一些邻居也提出了不同的意见,他们认为孩子的发展既要依赖良好的先天素质,也要依靠后天的勤奋努力才行。"天赋再好,后天不努力,也是白搭。"这也是某些家长和老师时常挂在嘴边教育孩子的说辞。

以上情境在生活中经常遇到,每个家长和老师都希望孩子能够健康发展,成为某个领域的栋梁之材。"不能让孩子输在起跑线上"是很多家长持有的教育观念,他们忽视孩子自身的心理发展需求,过度干预早期教育,企图挖掘出孩子的先天潜能。其实上述案例中家长们谈论的就是幼儿心理发展的影响因素问题。关于这个问题,家长和教师可能会有不同的看法,有的认为遗传素质很重要,有的认为家庭教育是关键,也有的认为早期教育很有必要,还有的认为孩子成长主要看个人努力……实际上,以上观点既有一定的合理性,也有一定的局限性,因为幼儿心理发展是诸多因素综合作用的结果,并非单一因素影响所致。在幼儿心理发展过程中,在某个发展阶段可能某些因素起的作用大些,另外一些因素起的作用小些,但每个因素都对幼儿心理发展起着不可替代的作用,不可偏重一些因素而忽视另外一些因素。例如,"5<2"说的就是一周当中,孩子在幼儿园的发展(5天的幼儿园教育)抵不过周末在家里的教养(2天的家庭教育)。

心理解读

就像植物的生长离不开阳光、水分和养料一样,婴幼儿的心理发展也离不开诸多发展条件,主要包括生物遗传、家庭教育、早期教育、社会文化、生活环境和个人努力等六个因素。这六个方面就是婴幼儿心理发展必要的条件,是不可或缺的,也是不可替代的,不存在孰轻孰重的情况,它们相互联系,相互影响,既有主观因素,也有客观因素,既包括先天因素,也包括后天因素。它们整合起来就构成了婴幼儿心理发展的充足条件,我们把这些因素称为婴幼儿心理发展的六大宝藏,婴幼儿的心理就是在这些因素的相互作用过程中逐渐发展起来的。广大家长和幼儿教师一定要高度关注这些婴幼儿心理发展的成长条件,明确婴幼儿作为生物个体,必然受生物遗传因素的影响;同时,婴幼儿又是社会个体,必然也受后天环境的影响。

1. 生物遗传因素

俗语"种瓜得瓜,种豆得豆""龙生龙,凤生凤,老鼠的儿子会打洞",说的就是生物界的遗传现象。所谓生物遗传指的是上一代的某些生物特征借助基因传递给下一代的现象,如个体的形态、结构、感官和神经系统的特征,又称为遗传素质。出生后感觉的灵敏性、注意的稳定性等都属于感官的生物特性。遗传素质既有先天的,也有后天的,主要包括遗传、生理成熟、疾病损伤等因素。生物遗传是婴幼儿心理发展的必要条件,但不是唯一的条件,家长和幼儿教师要正确看待生物遗传在婴幼儿心理发展中的作用。

首先,生物遗传为婴幼儿心理正常发展提供了必要的物质前提和生物基础,为婴幼儿后续发展提供了发展空间和潜在可能性。"没有遗传就没有发展",说的就是没有生物遗传这个前提,就不会有人的心理发展。例如,先天失明的婴幼儿视觉机能就不会有发展,也不可能成为画家;先天无脑的畸形儿是不可能达到正常婴幼儿应有的心理发展水平的。同样,如果婴幼儿在某些方面的遗传素质好，那么在此方面就越有可能得到更好的后续发展。例如，上一代是音乐世家，那么下一代在这方面就会有更大的发展空间和可能性。

其次，生物遗传的生理成熟程度制约着婴幼儿心理发展的进程和发展水平。生理成熟是受遗传因子控制的，具有一定的规律性，它规定了婴幼儿心理发展的基本轨迹和状态。一般来说，婴幼儿在一定的年龄阶段会表现得符合该阶段的心理特征，不同的阶段就应该有不同的心理特征。不到生理成熟阶段就提前进行教育干预，效果往往是不理想的。比如同卵双生子"爬梯子"实验就有力地说明了生理成熟程度对婴幼儿心理发展的制约作用。同卵双生子因为遗传基因几乎完全一样，一个在出生10个月左右开始训练爬梯子，另一个在12个月左右开始训练，训练的方式和时间都完全一样，唯一不同的是训练开始的时间，几周后测试，结果发现两个孩子爬梯子的能力几乎一样，没有多大差别。这个实验说明，如果婴幼儿生理发展不成熟，过早进行教育干预是没有多大效果的。因此，在合适的阶段，提供合适的条件，才是婴幼儿心理发展的正常之道。

再次，生物遗传具有一定的可塑性。虽然遗传素质为婴幼儿心理发展提供了广阔的发展空间和潜在的可能性，但由于后天生活环境、教育条件和个体活动的作用，遗传素质也会发生一定的变化。"人之初，性本善；性相近，习相远""近朱者赤，近墨者黑"，都说的是后天环境、教育条件和个体活动的不同，导致人的发展出现了差异，说明遗传素质具有一定的可塑性，但并非遗传素质好的婴幼儿，心理发展水平就一定高；遗传素质差的婴幼儿，心理发展水平也不一定低。

最后，生物遗传对婴幼儿心理发展的作用大小，在不同阶段作用不同，且与婴幼儿本身是否符合常态有关。一般认为，遗传素质在婴幼儿早期心理发展中发挥的作用大些，尤其是那些特殊婴幼儿。在早期阶段，婴幼儿接触外界环境较少，生理不够成熟，心理机能水平低，遗传发挥的作用就大些。而对于特殊婴幼儿，包括智力超常和智力欠发达的，遗传素质对其心理发展的作用就比较大。例如，婴幼儿先天生理缺陷或智力欠发达，基本就决定了其终生心理发展都处于较低水平的状态；而对于智力超常的婴幼儿，如果后天条件良好，那么其心理发展水平往往高于同龄人。此外，精神疾病具有很强的遗传性，患有"唐氏综合征"的婴幼儿心理发展水平一般都比较低。

> **内容简介**
>
> ### 唐氏综合征是什么？
>
> 唐氏综合征即21-三体综合征，又称先天愚型或Down综合征，是由染色体异常（多了一条21号染色体）而导致的疾病。60%的患儿在胎内早期即流产，存活者有明显的智能落后、特殊面容、生长发育障碍且多发畸形，患者一出生就伴有学习障碍、智力障碍等情况。患了唐氏综合征的人，小时候可能长得各不相同，但是随着年龄的增长，长相会越来越相似，给人一种唐氏综合征患者长得都一样的感觉，所以在某些地区又被称为国际脸，或者是国际人。

2.家庭环境

家庭环境是婴幼儿出生后面临的第一个成长环境，也是持续时间最长的环境，对人一生的心理发展产生广泛且深远的影响。家庭是"创造人类性格的工厂"，这句话很好地阐释了家庭环境对婴幼儿心理发展的巨大影响。一般来说，家庭环境欠佳或家庭教育缺失，婴幼儿的心理发展就不会健康。例如，孤儿院的儿童就比一般儿童具有更多的认知、情绪和社会性问题，比如爱闹事、容易发火、散漫多动等。

家庭环境包括诸多因素，其对婴幼儿心理发展的影响也是多方面的。一般来说，构成家庭环境的各个因素都会影响婴幼儿的认知、情绪、社会性和道德等方面的健康发展，比如家庭气氛、家庭结构、教养方式、经济状况、父母的受教育程度等因素都会对婴幼儿的心理发展带来不同程度的影响。父母在婴幼儿心理发展中扮演的角色和所起的作用是不可替代也是不可缺失的。如果出现父母角色缺失的情况，婴幼儿心理发展就会出现一些问题。一般来说，母亲对婴幼儿社会交往、语言发展、智力发展的影响要比父亲大些；父亲对婴幼儿个性发展、游戏发展、情绪发展、性别角色发展的影响要比母亲大些。因此，一个健康的家庭结构是婴幼儿心理发展的力量源泉，反之，不健康的家庭会给婴幼儿心理发展留下或多或少的遗憾。此外，三代或四代同堂家庭结构与核心家庭结构

(父母和孩子构成的家庭)对婴幼儿心理发展的影响也是不一样的。

父母的教养方式对婴幼儿心理发展的影响是诸多家庭环境因素中比较重要的一个。一般来说,不管家庭结构、家庭气氛、父母受教育程度如何,只要家庭教养方式是符合婴幼儿心理发展规律的,都会对婴幼儿心理发展产生积极的影响。家庭教养方式一般包括四种:民主型、专制型、溺爱型、放纵型。其中,民主型的教养方式是最有利于婴幼儿心理健康发展的。活泼、大方、自主、关爱、自信、诚信、合作等优良个性都与民主型的教养方式有关;而冷漠、自私、任性、烦躁、退缩、欺骗、反抗等不良个性与其他三种教养方式有关。

此外,家庭经济富裕的婴幼儿心理上的优越感强,而家庭经济相对比较拮据的婴幼儿可能会过早体会到生活的艰难;家庭气氛和谐的,婴幼儿心理积极性高,个性发展良好,而不和谐的家庭气氛往往带给婴幼儿更多的消极东西,导致心理扭曲或行为攻击;父母受教育程度高低也会影响婴幼儿心理发展,受教育程度高的,更能按照婴幼儿心理发展规律提供合适的措施。

拓展阅读

家庭教养方式对儿童心理发展影响的具体表现

每个家庭都会有不同的家庭模式和教养方式,美国加利福尼亚大学的鲍姆令德(Baumirind)对父母的教养方式与儿童个性发展的关系进行研究,将父母的教养方式分为四类:

权威型的家长给予孩子适度的关爱和限制,能以平等的身份与孩子进行交流沟通,能接纳孩子的合理要求和意见,尊重孩子是家庭的首要原则,爱而不骄,严而有格,准确地拿捏好尺度是家教成功的秘诀。

专制型父母则要求孩子绝对地服从自己,对孩子的要求很严厉,提出很高的行为标准,稍有不顺,非打即罚。这种教养方式下的儿童常常表现出焦虑、退缩和不快乐,自我调节能力和适应性都比较差,缺乏社会责任感。长此以往,将会与父母关系疏远,产生叛逆心理。

溺爱型的父母对孩子充满了爱与期望,但对孩子缺乏控制和要求,对孩子违反规则的行为采取忽视或接受的态度,很少发怒或训斥儿童。这种教养方式下成长起来的儿童表现得很不成熟,自我控制能力很差,常以哭闹等方式寻求即时的满足,对父母依赖性很强,缺乏自信、恒心、毅力和责任感,具有较强的冲动性和攻击性,对父母缺乏孝心。

忽视型的父母对孩子的成长表现出漠不关心的态度,既缺乏爱的情感和积极反应,又缺少行为方面的要求和控制。跟孩子在一起的时间很少,有时会对孩子流露出厌烦、不愿搭理的态度。不管出于何种原因,这种极端的忽略也可以视为对孩子的一种"虐待",这是对孩子情感生活和物质生活的剥夺。这会使孩子出现适应障碍,对学校生活缺乏兴趣,学习成绩和自控能力差,具有较高的攻击性,感情冷漠,并且在长大后会表现出较高的犯罪倾向。

3.早期教育

对婴幼儿来说,早期教育主要是幼儿园教育和各种早教机构开设的兴趣班教育。由于这些教育的形式和内容都具有一定的计划性、目的性、可行性,它们对婴幼儿早期心理发展的影响也是不可忽视的。随着生活水平的不断提高,人们愈发重视婴幼儿的早期教育,"接受最好的教育"已经成为许多家长的共识。一般来说,不管是幼儿园,还是早教机构,对婴幼儿心理发展影响比较大的还是教师素质、教育方式、教育设施、环境创设等几个因素。

幼儿教师素养越高,掌握越多的育儿知识与技能,越懂得育儿方法与规律,就越会提供合适的教育,较少出现虐待婴幼儿的现象。比如,正规院校毕业的幼儿教师,懂得婴幼儿心理发展的心理特征,采取民主的教育方式,创造合适的育儿环境,能最大限度地让婴幼儿体验到快乐、幸福,养成规则意识,懂得与其他幼儿合作与相处等。

此外,早期教育的环境创设也对婴幼儿心理发展产生一定的影响。例如,教育设施设备齐全、环境创设科学,婴幼儿就会有更多的玩具和娱乐设施,更自由的活动空间,感知到更多的人文气息,他们就会心情愉悦,生活充实,从而积极主动地探索、创造,身心就会得到快速发展。

4.社会文化

社区和大众传媒等文化因素是除了家庭环境、早期教育之外的另一个影响婴幼儿心理发展的比较重要的因素。住宅小区就是一个典型的小社区,由于住宅小区管理的计划性、目的性和组织管理性不太一致,导致社区文化也有差异。好的住宅小区,其文化环境建设出色、邻里风气好、绿化环保佳、卫生保健等设施比较齐全,婴幼儿在其中也能得到积极的熏陶,心理发展就健康;反之,设施、管理不太好的住宅小区,婴幼儿感受不到快乐,心理发展就会受到消极影响。

随着信息技术的高速发展,大众传媒对婴幼儿心理发展的影响也越来越大。手机、电视、网络、电影等媒介对婴幼儿的影响越来越深刻。由于这些媒介传播的动画片、广告、电影、游戏等内容可能会包含一些消极的信息,而婴幼儿的价值观又没有发展起来,分辨是非、善恶、美丑的能力不强,因而他们很容易学习模仿,导致心理发展出现不太正常的现象。作为家长和幼儿教师应该多给婴幼儿提供优秀的文化作品,营造健康的社区文化环境,多传播社会正能量,从而促进婴幼儿心理健康发展。

5.生活环境

随着交通的高速发展和生活水平的提高,人们外出的机会也越来越多,周围的环境也越来越丰富,婴幼儿面临的生活环境也越来越多彩。由于婴幼儿所接触的生活环境,相对住宅小区更为散漫,更加不可控制,因而对婴幼儿心理发展的影响也不可忽视。"孟母三迁""染于苍则苍、染于黄则黄"说的都是生活环境对一个人的影响。婴幼儿具有很强的可塑性,模仿能力强,受外界生活环境影响比较大。例如,婴幼儿面临的生活环境如果比较拥挤、吵闹,就容易养成烦躁、发怒、逃避等不良的情绪和个性;而污染比较重的生活环境容易影响婴幼儿的身心健康发育。此外,城乡生活环境变迁、地域生活变迁、留守儿童的生活环境、孤儿院的生活环境等也会影响婴幼儿的心理发展。一般来说,缺失父母陪伴的婴幼儿,心理发展往往不正常。例如,留守儿童往往具有性格孤僻、容易冲动、内心迷茫、意志薄弱、自卑冷漠、仇视逆反等心理发展问题,尤其是农村留守儿童。因此,父母的陪伴也是婴幼儿心理健康发展必不可少的因素。

6.个体努力

唯物辩证法认为,事物发展是内外因交互作用的结果,内因是事物发展的根本,外因是事物发展的条件,这一规律同样适用于婴幼儿心理发展。上面讲的五个方面都属于婴幼儿心理发展的外部条件,而婴幼儿自己的努力是心理发展的内部动力。婴幼儿年纪虽然小,但也是一个意识独立自主的个体,具有主观能动性,对外界事物有自己的想法、见解、态度和喜好,也希望按照自己的意愿行事;他们不会被动地接受所有外部环境和成人态度的影响,而是会有所选择。例如喜欢水的孩子会去水上乐园,喜欢积木的孩子会去积木乐园,喜欢攀爬的孩子会去攀爬公园,喜欢电玩的孩子会去电玩乐园等,都体现了婴幼儿的个体努力。不管在哪个游乐园,孩子都能玩得开心,心情愉快。

心理学家认为,婴幼儿心理发展的内部动力来源于婴幼儿的新需求与实际发展状态之间的矛盾。例如,当成人向婴幼儿提出"自己吃饭"的要求后,引起婴幼儿想自己动手吃饭的需求,但婴幼儿这个时候的心理发展状态还没有达到这个要求,于是就促使婴幼儿积极主动去学会自己吃饭需要的一些要领,这样一来,独立意识就慢慢发展起来了,慢慢地会发展到自己穿衣服、自己刷牙等。相反,如果婴幼儿自己不努力,即使成人提出要求也不理会,独立意识就可能发展较慢。

婴幼儿生来就具有主动探究的愿望,对外部世界充满好奇,总想自己去做,但由于身心发展不成熟,需要成人不断帮助。鉴于此,作为家长和幼儿教师一定要牢记婴幼儿具有自己主动发展的愿望,要给他们创设情境,进而激发他们的成长需求,让他们自己大胆尝试,把社会的要求纳入他们的游戏活动中,真正实现婴幼儿心理自主健康发展。

总之,影响婴幼儿心理发展的因素是多种多样的,这些因素综合起来就构成了婴幼儿心理发展的源泉动力。家长和幼儿教师要明确它们的作用,并加强沟通与合作,给婴幼儿创设一个健康舒适、丰富有趣的环境,共同促进婴幼儿心理正常发展。

第一章 婴幼儿心理发展概述

🌸 心灵体验

陪伴与成长

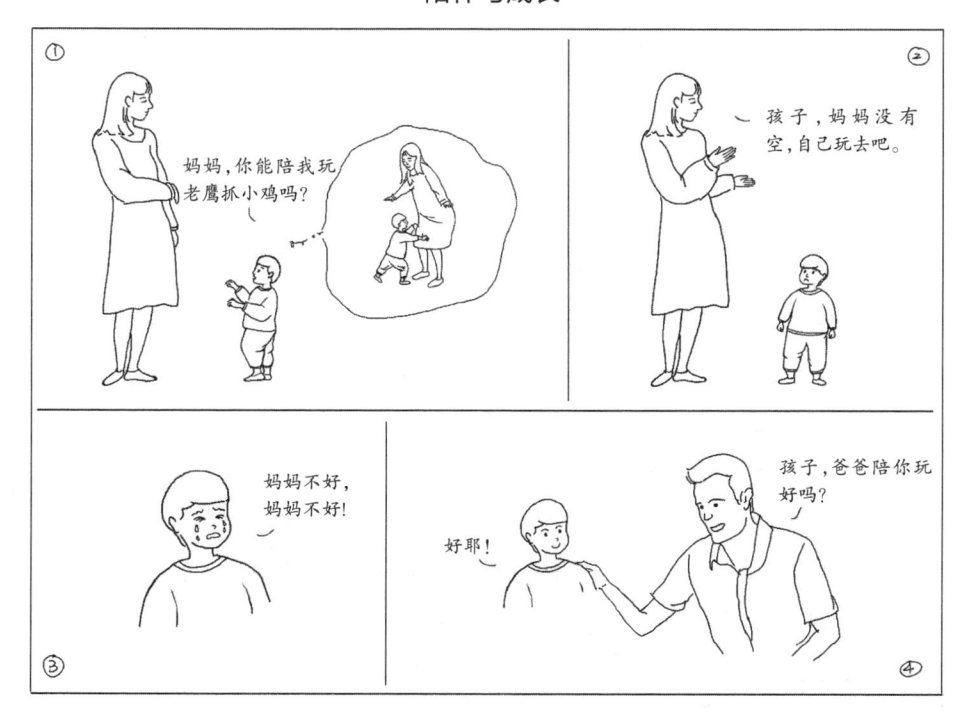

① 妈妈,你能陪我玩老鹰抓小鸡吗?

② 孩子,妈妈没有空,自己玩去吧。

③ 妈妈不好,妈妈不好!

④ 孩子,爸爸陪你玩好吗?
好耶!

第二章 婴幼儿的兴趣与需要

内容简介

日常生活中每个人都有不一样的兴趣和需要,婴幼儿也不例外。众多研究表明,兴趣是最好的老师,婴幼儿的兴趣在个体出生时就已经表现出来了。同时,需要是人活动的基本动力,是个体积极性的重要源泉。在关注婴幼儿的兴趣和需要的基础上因材施教,能够促进婴幼儿个性的和谐发展。了解婴幼儿兴趣和需要的特点和发展规律,有助于培养并激发他们的兴趣,满足他们的合理需要,促进身心健康发展。

目录
一、贪玩并不见得是坏事——认识婴幼儿的兴趣与需要
二、兴趣和需要是最好的老师
三、促进婴幼儿心理需求发展的小小建议

一、贪玩并不见得是坏事——认识婴幼儿的兴趣与需要

心理叙事

有一天中午,吃完午饭的小朋友拿着自己的小椅子,坐在教室门前的走廊上,在温暖的阳光下,有的玩玩具,有的看图书,还有几个小朋友围在走廊外的

花圃边,边看边说着什么。老师没有立即去打扰他们,而是在旁边听着。"这是什么呀?""这是小虫。""它在这里干什么呢?""你看它在动呢!""它没有脚用什么走呢?"轩轩想要用手去抓住它,但是又把手缩了回来,这时宇浩走过来大声说道:"这是小蛇呀!"听这么一说,好几个小朋友向后退了几步,看到老师在旁边,连忙说道:"老师,这里有条小蛇呢!"老师笑着告诉他们:"这不是蛇,这是蚯蚓,是一种生活在地里的小动物。"这时其他小朋友也走过来七嘴八舌地说起来了:"小蚯蚓怎么会在这里呢?""它是不是生病了?""小蚯蚓有没有嘴巴呢?吃什么东西呢?""它能听到我们说话吗?"……小朋友们的兴趣越来越浓,老师心想:"这不就是一个非常好的科学活动吗?"老师没有急于告诉他们答案,而是找了一个玻璃瓶,放了一些土,把蚯蚓引到里面,告诉小朋友们:"蚯蚓现在迷路了,想要和你们做朋友。"小朋友们聚到一起,商量了一下,一致决定把小蚯蚓带回教室,和大家做伴。接下来,教师根据小朋友们的需求设计了一个关于"蚯蚓"的主题活动,孩子们非常高兴,学习积极性高,整个主题活动的氛围愉快轻松。

通过"蚯蚓事件",小朋友们对小动物的兴趣始终保持在最高点。教室里的自然角中放置了他们收集的小动物,有蜗牛、西瓜虫等。此后,蚕宝宝的加入使班级里的"小动物世界"更加丰富了。在自由活动时间,小朋友们最爱去观察它们,关怀它们。

从上面的故事中,我们可以看出幼儿对周围事物无时无刻不充满着兴趣和好奇,幼儿的兴趣和需求是否能够被满足,关键在于家长和幼儿教师能否做个有心人。案例中的教师看见孩子们在观察花圃边的小蚯蚓,并没有立刻上去制止他们,而是在旁边认真地观察,倾听孩子们的谈话,一方面教师发现了幼儿兴趣的源头,充分尊重幼儿的好奇心,并对幼儿的兴趣进行积极探索,使幼儿学习的兴趣和积极性保持在最高点;另一方面教师满足了幼儿对于蚯蚓进一步探究的需求,在幼儿身心发展需要的基础上开展相关的主题活动,充分关注幼儿的主体需求,有利于幼儿身心健康发展。

兴趣是幼儿学习的原动力,需要是个体活动积极性的源泉。幼儿对某个事物的兴趣和需要,不仅关系到幼儿家长进行家庭教育的方式和途径,也关系到幼儿教师开展相关的保育和教育活动。因此深入了解幼儿的兴趣和需求,有利于家长和幼儿教师掌握相关知识,更好地开展相关教育活动,促进幼儿个性的和谐发展。

心理解读

一般认为,兴趣是人积极地接近、认识和探究事物并伴随积极情绪的心理倾向。它反映了人对客观事物的选择性态度,现实生活中的很多事例,都可以证明兴趣是个人发展最内在、最基本的动力。需要是机体内部的某种缺乏或不平衡的状态,它反映了个体对于外界环境的依赖性,是个体活动积极性的源泉。因此,了解婴幼儿兴趣和需要的种类及其发展特点,有助于家长和幼儿教师更好地开展有针对性的教育活动,促进婴幼儿的身心健康发展。

(一)婴幼儿兴趣的类型及其发展特点

1.兴趣的类型

婴幼儿兴趣各种各样,分类标准不同,兴趣类型也不尽相同。一般来说,兴趣的划分标准有以下两种。

(1)根据兴趣的内容,可以划分为物质兴趣和精神兴趣

物质兴趣是指婴幼儿对于物质方面的兴趣,比如婴幼儿对食物、衣服和玩具等事物的兴趣。精神兴趣是指婴幼儿对于精神生活的兴趣,比如婴幼儿对于舞蹈、唱歌等活动的兴趣。

(2)根据兴趣所指向的目标,可以划分为直接兴趣和间接兴趣

直接兴趣是指对于事物本身的喜爱,强调的是过程,比如在游戏过程中收获的快乐,在唱歌过程中收获的快乐等。间接兴趣是指对于活动结果的兴趣,强调的是结果,比如为了得到贴花奖励而积极参加活动等。

2.婴幼儿兴趣的发展特点

(1)广泛性

这个世界对于婴幼儿来说一切都是新鲜的,所以他们充满着好奇,想要去探索一切未知事物。例如,他们对周围生活的人类、小动物和花草树木感兴趣,也会对幼儿园内的唱歌、跳舞、绘画活动产生兴趣,婴幼儿的兴趣会随着自己活动范围的增加而增加,但是因为婴幼儿身心各方面的发展还未达到成熟状态,

所以婴幼儿的兴趣还缺乏一定的稳定性,往往是看到什么喜欢什么,今天喜欢图画书,明天喜欢积木玩具等。

(2)直接性

一般来说,婴幼儿的兴趣多为直接兴趣,即婴幼儿会因为事物的本身而产生好奇的动力。例如,大多数婴幼儿喜欢玩游戏,并不是因为他们知道游戏活动能让自己身心各个方面获得发展,而是因为他们在享受游戏的过程中能够收获到快乐;大多数婴幼儿喜欢阅读绘本,或者自己阅读,或者与家长和幼儿教师一起阅读,并不是因为他们想要了解绘本故事中所蕴藏的道理,而是在绘本阅读的过程中,他们能展开丰富的想象力和创造力,畅游在故事角色的变换所带来的快乐心情中。

(3)差异性

由于年龄和性别的差异,不同婴幼儿的兴趣不同。从年龄方面来说,在游戏活动中,年龄偏小的婴儿对一些简单的游戏比较感兴趣,例如堆积木;而年龄偏大的幼儿更喜欢复杂点的游戏活动,例如在沙地上建城堡。从性别方面来说,女孩子更喜欢娃娃之类的玩具,而男孩子更喜欢小汽车、飞机之类的玩具。

(4)表面性

由于婴幼儿阶段身心发展的限制,他们往往会被事物的表面所吸引,因此婴幼儿的兴趣较为肤浅。例如,婴幼儿在绘画活动中为图片涂色,他们选择的颜色,往往是较为鲜艳的,而不是图片在现实生活中的颜色,他们感兴趣的是事物表面的特点,但随着年龄的增长,婴幼儿的兴趣会逐步过渡到事物本身。

此外,婴幼儿兴趣的表面性,加上婴幼儿心理发展还不成熟,导致对感兴趣的事物还缺乏一定的价值判断能力,可能会产生一种不良的倾向,需要家长和幼儿教师正确引导。例如,婴幼儿沉溺于电子游戏,可能会忽视过度使用电子产品对身体造成的不良影响;婴幼儿喜欢吃糖,但吃太多会导致蛀牙。

(二)婴幼儿需要的类型及其发展特点

1.需要的类型

婴幼儿需要多种多样,不同的划分标准,需要类型也不一样,这里主要介绍三种分类。

(1)根据需要的起源,可以划分为生理性需要和社会性需要

生理性需要主要是指维持个体生命安全和种族繁衍的需要。例如,婴幼儿的吃喝、呼吸、排泄、睡眠等需要。社会性需要是在生理性需要的基础上产生的,是个体心理进一步发展必须满足的一种需要。例如,婴幼儿认识周围世界的需要,想要交往的需要,想得到关爱的需要等等。

(2)根据需要的对象,可以划分为物质需要和精神需要

物质需要是对物质产品的需要。例如,婴幼儿想吃一些自己喜欢的食物,想穿自己喜欢的衣服,想拥有自己喜欢的玩具等。精神需要是满足婴幼儿精神文化生活方面的需要。例如,婴幼儿想与他人交流的需要,想得到家长和幼儿教师表扬的需要,想探究玩具车是如何组装起来的求知欲望等。

(3)需要层次说

美国著名的心理学家马斯洛在《人类动机的理论》一书中提出了需要层次理论,该理论认为,人的一切行为都是由需要引起的,并把人的需要从低到高,分层次地归为以下七类。

第一,生理需要。为了生存下去的需要,是人的所有需要中最基本的,比如饮食、排泄、睡眠等。

第二,安全需要。这种需要表现为人们要求一个稳定、安全的环境,避免受到伤害和不安的情绪。比如"我希望爸爸妈妈多陪陪我""爸爸不要打我、骂我"等。

第三,归属与爱的需要。指人们想要得到他人的关心和爱护,比如二胎家庭中的第一个孩子,在第二个孩子出生时想得到同弟弟或妹妹一样的关爱。

第四,尊重的需要。包括自尊和受到他人尊重两个方面。自尊是人们对自己的信任、自主的体验,比如婴幼儿相信自己能完成手工活动;受到他人尊重是指得到他人的赞扬和赏识,比如婴幼儿想要得到家长和教师的表扬就会努力表现得乖巧。

第五,认知的需要。人们进一步探索、了解事物的需要。婴幼儿想深入了解"东西为什么会浮在水面上的问题",就会主动地进行探索活动,寻找答案。

第六,审美的需要。指人们对事物或现象的好坏、美丑等已经有了自己的

判断。比如婴幼儿会自己挑选衣服进行搭配,说明对衣服的穿着有了自己的审美标准。

第七,自我实现的需要。这种需要表现为个体为追求完美,不断完善自己,提升自己。幼儿在六一表演节目中,为追求完美的表演,不断地练习动作,争取能把自己最完美的状态表现给爸爸妈妈和老师看。

2.婴幼儿需要发展的特点

(1)以生理性需要为主,社会性需要逐渐加强

对婴幼儿来说,年龄越小,生理性需要越占主导地位,随着年龄的增长,婴幼儿的社会性需要会逐渐加强。例如,对于新生儿来说,生理需要占绝对主导;1岁左右的婴儿,会表现出与成人交往的需要;1至3岁的婴儿,会进行一些角色游戏,扮演医生、厨师等,这是一种探索成人活动的需要;3至6岁幼儿的社会性需要在不断增强,比如希望在活动中获得荣誉感;在与其他幼儿交往过程中也不仅仅满足于口头交流,他们开始希望得到别人的认可和赞扬等。

(2)不同年龄阶段的优势需要不同

婴幼儿占主导地位的优势需要由几种强度较大的需要构成,而且会随着年龄的增长不断发生变化。例如,4岁左右的幼儿优势需要是生理需要、安全需求、玩游戏和听故事的需要;5岁左右的幼儿,优势需要是社会性需要,求知和劳动需要也不断出现;6岁的幼儿优势需要开始出现尊重需要,希望得到别人的认可,并渴望收获友情等。

(3)需要结构复杂多样

婴幼儿的需要多种多样,相互交织在一起,构成了一个复杂多样的需要层次结构。例如在婴幼儿的需要中,有以下几种较为突出的需要:生理需要、安全需要、活动需要、交往需要、尊重需要、求知需要和欣赏美的需要,而就欣赏美的需要来说,幼儿也会有活动需要、尊重需要等,比如幼儿会自己选择搭配衣服,对绘画中的色彩搭配有自己的看法等。

心灵小结

1.兴趣是婴幼儿学习的原动力,需要是婴幼儿活动积极性的源泉。

2.婴幼儿兴趣和需要的类型多样,根据不同的划分标准有不同的分类。

3.婴幼儿兴趣和需要的发展特点具有普遍性和差异性的特点。普遍性是指婴幼儿普遍具有的兴趣和需要,差异性是指婴幼儿之间的某些兴趣和需要存在不同之处。

4.婴幼儿的兴趣和需要可能会有不良倾向,家长和教师要善于观察,及时引导婴幼儿朝着正确的方向发展。

二、兴趣和需要是最好的老师

心理叙事

在幼儿园里,有个简单的模仿游戏很受孩子们的喜欢。这个游戏就是,老师说:"请你跟我这样做……"幼儿说:"我就跟你这样做……"可有一天,老师正带着小朋友们做这个游戏,刚开始小朋友们玩得很开心,可是不一会儿,他们对这个游戏就没有兴趣了,坐在那里你推我、我推你。这时,晨晨说:"老师,我不想像你那样做!"老师一听,愣住了,马上停下来问她为什么,她摇摇头说:"我就是不想!我想和老师做不一样的动作。"老师听完后,觉得如果立刻拒绝晨晨的要求,这个游戏可能就进行不下去了,于是老师说道:"可以呀,那晨晨就和老师做不一样的动作吧。"游戏又开始进行了,晨晨的每个动作都和老师的不一样,老师拍手,她就做舞姿的动作;老师做小山羊的动作,她就学大花猫……小朋友们看到了低声说道:"老师我也想和你做不一样的动作。"看到孩子们对游戏规则的创新比较感兴趣,老师说道:"好,那么我们就把儿歌改成:请你跟我这样做,我不跟你这样做……但是每个小朋友的动作不仅要跟老师的动作不一样,而且也要跟别的小朋友的动作不一样哦!小朋友们要开动自己的小脑筋好好想一想哦。"

游戏重新开始了,孩子们特别地专注,每个小朋友做的动作都有自己的特点,展现出了平时没有的动作。关注孩子的需求而变换游戏规则,比单纯的模仿更能吸引孩子的兴趣,带动了每个孩子参与到游戏中,而且孩子的反应能力、想象力和创造力都得到了发展。游戏结束后,孩子们非常兴奋,都说:"老师,这样真好玩!"

从上面的案例中,可以看出刚开始的模仿游戏并没有进一步地满足孩子们的需要,导致他们对这个游戏渐渐地失去了兴趣,这个时候老师也没有强行地要求孩子按照自己的规则进行,而是听取了晨晨的需要,调整了游戏规则,并将制定游戏规则的主动权交到了孩子们的手中,孩子们又对这个游戏产生了兴趣,集中注意力,开动自己的小脑筋,对自己的动作进行创编,整个游戏活动的氛围非常好。老师尊重孩子的需要,激发他们的兴趣,不仅让孩子们收获了游戏的快乐,而且也很好地发展了孩子们的想象力和创造力。

对于婴幼儿来说,来到这个世界需要学习的东西有很多,需要参与的活动也有很多,但是由于身心发展得不成熟,可能会出现注意力涣散、意志力不强等问题,身为家长和教师,需要进一步认识兴趣和需要对婴幼儿心理发展的重要性,从而激发婴幼儿的探究兴趣,满足他们的合理需要,让兴趣和需要成为最好的老师。

心理解读

心理学家皮亚杰说过:"兴趣,实际上就是需要的延伸,它表现出对象与需要之间的关系,我们之所以对一个对象发生兴趣,是由于它满足我们的需要。"由此可以看出,正是因为婴幼儿的这种或那种需要,才会产生兴趣,才能在各个方面进行积极的活动。需要是婴幼儿从事活动的基本动力。需要不仅有利于个体身心发展,还有利于维持良好的社会关系,推动社会进步。兴趣是个体学习的原动力。兴趣不仅有利于婴幼儿个性成长,还能激发其学习动机,发展他们的想象力和创造力。

(一)婴幼儿兴趣的作用

子曰:"知之者不如好知者,好知者不如乐知者。""好"和"乐"就是指兴趣和爱好。兴趣对于婴幼儿的发展具有重要作用,身为家长和幼儿教师要清楚地认识这一点才能更好地促进他们的心理发展。

1.兴趣具有定向作用

心理学家皮亚杰曾经说过:"一切有成效的工作必须以某种兴趣为先决条件。"这句话对于婴幼儿同样适用。任何兴趣都会针对一定的对象或事物,而且这种兴趣很可能会持续一段时间,在这段时间内特定的兴趣会促进某项事物的发展,不同的兴趣会对婴幼儿各个方面的发展产生不同的作用。例如,婴幼儿对绘画产生兴趣,就会将注意力集中在绘画上,会对绘画进行进一步的学习和钻研,在绘画方面的能力可能就会有所发展;婴幼儿喜欢阅读绘本,就会寻求各种机会增加绘本的阅读量,这样就会提高婴幼儿的早期阅读能力和语言表达能力;婴幼儿对围棋产生了兴趣,那在接下来的一段时间内都会苦心钻研围棋,这样就会推动婴幼儿围棋能力的不断发展。可见,兴趣会对婴幼儿特定方面的发展产生特定的作用,因此兴趣具有定向作用。需要注意的是,兴趣具有差异性,不同的婴幼儿,其兴趣可能会有不同,家长和幼儿教师应该在掌握婴幼儿身心发展规律和个性特征的基础上,采取针对性的措施,才能更好地发挥兴趣的定向作用。

拓展阅读

绘本阅读到底有哪些作用呢?

绘本最值得强调的就是它的文学性和艺术性。它出现于19世纪晚期,20世纪中期开始充分发展,是新时代出现的、由传统的高品位的文学和艺术交织出的一种新样式。绘本在当今婴幼儿的生活中有以下一些作用:

1.绘本图案丰富,易于理解。绘本透过奇妙鲜活的图像、生动有味的浅语,呈现世界万物的潜在美质。2.绘本能够促进婴幼儿情绪情感的发展。婴幼儿在阅读绘本的过程中,会产生移情现象,会随着主人公的情感变化,感受不同角色间的情绪情感差异。3.减少接触电子产品的时间。孩子对绘本产生浓厚的兴趣,对电子产品的依赖就减轻了,然而当今社会很多婴幼儿沉溺于电子产品已经形成一种不良的趋势。4.促进语言能力的发展。

> 绘本多数都是由文字和图片组成,绘本阅读也是锻炼婴幼儿语言能力发展的重要方式。5.增进亲子感情。快节奏的社会中每个人都很忙,家长陪伴孩子一起进行绘本阅读,能够促进彼此间的关系。

2.兴趣具有愉悦作用

一般认为,兴趣带有一定的情绪色彩,而且这种情绪多数情况下是积极的,和愉悦的心情联系在一起,因此兴趣是具有愉悦作用的。如果婴幼儿对多个事物都能产生一定的兴趣,那他们就会感受到生活丰富多彩,不会枯燥无味,在面对很多事情时也会保持积极的情绪,对生活充满着信心和动力,这一点在日常生活中是比较常见的。例如,婴幼儿对游戏具有较大的兴趣,他们享受着游戏带来的快乐,保持着愉悦的心情,不仅有利于其情绪情感的发展,还可以反过来推动游戏活动的进程,使游戏活动顺利地完成,实际上对这种游戏的喜爱,就是兴趣的愉悦作用。还有些婴幼儿天生就充满着好奇心,对自然界中的万事万物抱有疑问,就会促使他们不断地探索。再比如,幼儿园大班的孩子会亲手喂养一些小动物,当他们准备把蚕宝宝一步一步地喂养大时,每天都会抱着一种愉悦的心情去观察他们;当他们好奇乌龟是怎么生存的时候,就会在休息的时间兴奋地到走廊去看看,不同孩子的兴趣或多或少都会让他们在一段时间内享受快乐。生理学家巴甫洛夫说过:"愉快可以使你对生命的每一次跳动,对于生活的每一次印象易于感受,无论身体或精神上的愉快都是如此。"婴幼儿的兴趣能让他们在从事活动时保持着积极的热情和动力,家长和教师要利用他们的兴趣调动他们的愉悦情绪,使他们对生活始终保持乐观和积极的态度。

3.兴趣具有补偿作用

婴幼儿由于身心发展的限制,对生活中的很多"工作"都会感到困难,缺乏意志力和坚持。但当婴幼儿对有一定难度的活动产生浓厚的兴趣时,就会激发他们的内部潜能,弥补身心发展的不足,促使他们克服困难,创造性地完成活动任务。曾经有人问物理学家丁肇中先生做实验苦不苦,他回答道:"一点也不苦,因为我有兴趣,我急于探索物质世界的秘密。"由此可见,当一个人专心致志于自己感兴趣的工作中,就会把工作和自身结合起来,就算工作再困难,对他来说也是一种精神享受。对于婴幼儿来说,同样如此。兴趣不仅可以培养婴幼儿的意志力,促使他们刻苦努力,还能锻炼他们的动手操作能力、发展独立性和创造性等。例如,有些婴幼儿动手操作能力较弱,兴趣可以促使他们不断地实践,从而不断提高他们的动手操作能力;有些婴幼儿思维能力较弱,但是对科学探究活动感兴趣,虽然这些活动对于婴幼儿来说具有一定难度,但是因为他们浓厚的兴趣,可以激发其内部巨大的潜能,发展其独立解决问题的能力和创造性思维。总体来看,婴幼儿作为独立的个体,各个方面的发展具有不平衡性,家长和幼儿教师可以利用兴趣的补偿作用,弥补婴幼儿的弱势,取长补短,促进他们的心理健康发展。

(二)婴幼儿需要的作用

需要不仅对婴幼儿是必需的,对于任何一个有机体都是必需的,是有机体活动的基本动力,也是个体积极性的源泉。因此,家长和教师要在了解婴幼儿需要的基础上,认识需要的作用,才能更好地满足他们的合理需求,促进他们的身心和谐发展。

1.需要影响婴幼儿心理发展

需要是婴幼儿心理发展必要的动力源泉,合理的需要可以推动他们的心理和谐发展。首先,需要可以调控婴幼儿的认识过程。例如,婴幼儿想了解蚕宝宝,就会仔细地观察蚕的生长过程,进而加深对蚕生长过程的认识。其次,需要影响婴幼儿的情绪情感。例如,婴幼儿想玩玩具的需要得到满足后最直观的表现就是表情愉悦,产生一系列积极的情绪和情感,反之很可能就会大哭大闹,产生消极的情绪和情感。最后,需要可以促进婴幼儿个性的发展。需要是个性倾向性的基础,需要的满足可以进一步推动婴幼儿的动机、理想和信念等方面的发展。例如婴儿想独立行走,开始可能会摔倒,感到痛,但独立行走的需要也可能会产生强烈的动机和信念去克服自己遇到的种种困难,比如站不稳、摔倒痛等,最终达成了独立行走的需要,因而也就慢慢养成了坚持、坚韧、勇敢等良好的个性。需要注意的是,婴幼儿的需要具有双向性,其作用也具备双向性,家长和教师要分辨婴幼儿的需要,满足他们的合理需要,对不合理的需要要进行正确引导,才能有效地推动婴幼儿心理的健康发展。

2.需要影响婴幼儿的实践活动

一般来说,需要的产生和实现与婴幼儿的实践活动是分不开的,婴幼儿通过参与社会生活中的实践活动,往往会产生一定的需要。比如他们玩了一次滑滑梯觉得很好玩,就会产生多玩几次的需求,而满足这种需要同样离不开他们自身的实践活动。需要是一个动态的过程,可以激发婴幼儿朝着一个方向努力,并付诸实践以求得自身需要的满足。例如,婴儿心理发展到一定阶段就会产生想站立的需求,在实际生活中也会想方设法地表现出自己想站立的实践活动,他们会扶着墙或桌椅、沙发等物体尝试站立。如前所述,婴幼儿的需要引发的实践活动也具有双向性,因此家长和教师要在满足合理需要的前提下引导他们进行力所能及的实践活动,避免伤害,以推动他们的行为朝着合理的方向发展。

3.需要影响婴幼儿的同伴关系

为了满足共同的需要,不同的婴幼儿需要一定的同伴关系,比如一个班级、一个兴趣团体和一个玩伴等。而共同需要的满足与否,会影响这种同伴关系的建立与维持。例如,在大班合作性的游戏中,几个幼儿需要共同搭建一个大的房子,幼儿考虑到自己能力有限,为了成功地完成搭建任务,就会寻求其他幼儿的帮助。这样为了完成搭建任务而建立了兴趣团体,在这个合作的过程中幼儿之间会互相交流,彼此交换意见,不仅能够完成任务,还能促进幼儿同伴关系(社会性交往)的发展。家长和教师要帮助他们在满足共同需要的基础上,运用恰当的方式建立和谐的同伴关系,从而促进婴幼儿社会性的发展。

❋ 心灵小结

1.兴趣的作用有:定向作用、愉悦作用和补偿作用。

2.兴趣具有差异性,不同的婴幼儿,其兴趣可能会有不同,家长和幼儿教师应该在掌握婴幼儿身心发展规律和个性特征的基础上,采取针对性的措施,才能更好地发挥兴趣的作用。

3.需要的作用有:影响婴幼儿的心理、实践活动和同伴关系的发展。

4.婴幼儿的需要具有双向性,其作用也具备双向性,家长和教师要分辨婴幼儿的需要。满足他们的合理需要,对不合理的需要应进行正确引导,才能有效地推动婴幼儿身心健康发展。

三、促进婴幼儿心理需求发展的小小建议

心理叙事

又到周末了,6岁的灵灵又开始忙起来了,星期六上午去舞蹈兴趣班跳舞,下午还有绘画课,第二天还有钢琴课和英语口语课,周末两天参加兴趣班就如同赶场子,亲子交流玩耍的时间都没了。

星期一灵灵来到幼儿园,一整天都没精打采的,主班老师观察到了灵灵的状态不对,把她拉到一旁询问,灵灵说道:"蔡老师,我好累啊,周末连一点玩的时间都没有,就在爸爸妈妈报的兴趣班里不停地学东西,我现在一点都不想学了,看见别的小朋友都可以跟爸爸妈妈一起去游乐园玩,我也很想和爸爸妈妈一起去玩。"蔡老师了解情况后,及时地安慰了灵灵,随后也跟灵灵的爸爸妈妈进行了沟通。

1. 兴趣班,谁的兴趣

从案例中可以看出,受社会氛围的影响,一些家长怀抱着"不要让孩子输在起跑线上"的观念,为孩子报了各种兴趣班:跆拳道、钢琴、英语、绘画、舞蹈等等,孩子童年的记忆正在被一个又一个兴趣班填充着。一些父母想要孩子多才多艺,拥有多种兴趣爱好,想要赢在起点,心情是可以理解的,但是兴趣班到底是谁的兴趣,是否关注了孩子的兴趣与需要呢?

有时候,婴幼儿的兴趣很简单,其实就是看看绘本,玩会儿游戏或者就是希望有爸爸妈妈的陪伴等。婴幼儿的兴趣与需要具有个体差异性,因而上兴趣班的目的应该明确,不要看着别人家的孩子报了很多兴趣班,就强制性地要求自己的孩子也要同样参与,兴趣班要根据孩子的兴趣进行选择。如果兴趣班能契合孩子真正的兴趣爱好,并且让他们感到心情愉悦,在此基础上能够发展婴幼儿某些方面的能力,那才是合理的。可是一些婴幼儿对于兴趣班没有兴趣,而家长考虑到孩子的长远发展,用"赢在起跑线"的观念无视了孩子的泪水,最终孩子的兴趣与需要不仅没有得到满足,而且使得孩子身心俱疲,家长也左右为难。面对这样的情况,我们应该怎么处理呢?

首先,家长要树立正确的观念。我们要弄清楚为什么要给孩子报兴趣班,

是真正为了培养孩子的兴趣,还是觉得别人家的孩子都报了,自己的孩子也不能落后?或者想通过兴趣班来发展孩子的一技之长,为以后的学习生活做准备?身为家长要树立一个正确的观念,正确地看待兴趣班对于孩子的价值,兴趣班当然可以发展孩子的某些能力,但前提是要认识到兴趣班应该是为了培养孩子真正的兴趣,能为孩子带来快乐,不应盲目地把它看作孩子人生道路上的跳板,否则兴趣班对孩子心理的发展可能会适得其反。

其次,家长要尊重婴幼儿的兴趣。既然是兴趣班就要发现孩子的兴趣所在,首先要询问孩子的意见,让孩子自己选择,不要盲目随大流,给孩子报一大堆不喜欢的兴趣班,既浪费孩子的时间也浪费他们的精力,更有可能会泯灭孩子真正的兴趣。俗话说得好,"强扭的瓜不甜",强制性地要求孩子学习那么多他们不感兴趣的东西,孩子也不会感到快乐。尊重孩子的意愿,不要勉强孩子上不愿学的兴趣班。婴幼儿对感兴趣的东西,才会学得又快又好,并且会感到快乐。仔细想想,这就是参加兴趣班的意义所在。

最后,家长要对兴趣班有所辨别。兴趣班的质量高低也会影响婴幼儿的兴趣发展,一个优质的兴趣班氛围应该是教师寓教于乐,婴幼儿寓学于乐。家长首先要考虑孩子是否真的对这个兴趣班感兴趣,可以带着孩子去相关机构进行试听,看孩子是否能够适应这个学习环境;其次要看兴趣班的教育理念是否与家长自己的教育理念相契合。如果真的想要选择一个优质的兴趣班,就要深入了解他们的教育理念,而不是仅仅根据他们的宣传就做出决定,更何况现在一些机构的宣传手段五花八门,如果没有谨慎的挑选能力和清晰的辨别能力,很可能会掉进"陷阱";最后看教师的教育方法是否科学合理,教学设施是否完善。家长要进行实地考察,观察教师们的教育方法是否科学合理,是否符合孩子的身心发展规律。

2.我的需要,你考虑过吗

今天幼儿园老师和小朋友们一起学习了《小熊请客》的故事,准备请小朋友们选择自己喜欢的角色进行故事表演,可是其他的角色都被选了,只有狐狸没有人愿意扮演。老师问了好几遍,还是没有人愿意扮演。冉冉说:"狐狸是个大坏蛋,我才不要当狐狸呢!"娄娄也说:"狐狸要被小熊、公鸡打,我也不愿扮演。"这时,老师生气地说道:"你们都不愿意当,这个游戏还怎么玩呀!你们是不是不想玩了？"小朋友们听完老师的话，委屈地说道："我们想玩！"于是老师强制性地选择了冉冉扮演狐狸，冉冉不情愿地拿着狐狸头饰扮演起来了。整个游戏活动中，虽然其他小朋友玩得很开心，但是冉冉的热情一直都不高。

从案例中可以看出，大多数幼儿都不愿意扮演狐狸，但是老师为了进行这个游戏活动，最后强制性地选择了不愿扮演狐狸的冉冉。教师为了完成教学活动，没有与幼儿进行沟通交流，没有考虑幼儿的实际需要，这在一定程度上，会造成孩子的抵触心理，不利于活动的开展，也不利于孩子心理的健康发展。

幼儿的需求具有个体差异性，不同年龄、不同性别幼儿的需要各不相同。教师若是站在自己的角度对待孩子的需求，不去了解孩子的需要，没有征求孩子的意见，强制地要求孩子按着自己布置的轨道行走，不仅没法促进孩子心理的健康发展，而且可能会适得其反。那身为教师，面对这种情况应该如何处理呢？

第一，树立正确的教育观念。身为教师首先要树立"幼儿为本"的理念，掌握幼儿身心发展的相关专业知识。既要关注生理发展，也要重视心理发展，考虑幼儿的身心发展需求，尊重幼儿的合理需要，在思想上有一个正确的认识，幼儿教师的教育方式才会更好地朝着正确的方向发展。

第二，采取合理的教育方式。教师教育理念正确还不够，还要采取合理的教育方式，将正确的教育理念贯穿于实践中才能更好地促进孩子的发展。幼儿教师在掌握相关专业知识的基础上，要利用好自己在教育一线工作的最佳机会，把自己当成一名研究者，要实际地去观察、了解幼儿的需要，在幼儿身心发展和自身需要的基础上，采取合理的教育方式。对于自己的活动设计要征求孩子的意见，反复实践，不断调整，然后去完善相关的教育活动。

第三，家园合作。想要满足幼儿多方面发展的需要，仅仅依靠幼儿园一方的力量是远远不够的，还需要借助家长的力量，教师和家长要及时地沟通交流，通过孩子的需要分析孩子的身心发展状况，达成共识，找到适合孩子发展的最佳途径。例如，发现孩子最近非常喜欢跑跳运动，那可以简单地推知孩子到了发展大肢动作的阶段了，那教师在幼儿园就要开展相关的教育活动促进肢体动作的发展。同时家长也要在日常生活中关注孩子这方面的需要，提供幼儿肢体动作发展的机会，家园合作形成有效的教育合力就会更好地促进孩子的动作发展。此外,很多教育活动也需要延伸到家庭中,这样对孩子的发展才会更加完整、连续。例如,在发展幼儿绘本阅读需要的问题上,既可以在幼儿园开展相关的绘本阅读活动,又可以将绘本阅读延伸到家庭的亲子阅读,将两方的力量结合起来,最大地满足孩子阅读的需要。

心理解读

合理及时地满足婴幼儿的心理需求是他们身心健康发展的前提,家长和幼儿教师可以从以下两个方面来最大限度地发展婴幼儿的兴趣和需要。

1. 培养并激发婴幼儿的兴趣

(1)留心观察,发现兴趣

培养婴幼儿兴趣的前提就是要留心观察,发现孩子真正的兴趣所在。婴幼儿由于身心发展还未成熟,容易受到外界环境的影响,看见别的孩子喜欢画画,自己也要去学画画,刚开始对画画活动感到新奇,可能过了一段时间就放弃了,因此这个画画活动未必就是孩子真正的兴趣。

一般来说,家长与婴幼儿的接触时间最久,家长要善于观察孩子的某些行为倾向,辨别出行为倾向背后是否是孩子真正的兴趣所在,知道孩子的兴趣点在哪里,然后采取相应的教育方式,才能真正促进孩子的发展。就幼儿教师来说,教师首先要在幼儿园的日常生活中对每位幼儿进行仔细观察,耐心了解孩子感兴趣的地方,才能有针对性地开展相关的教育活动,真正做到以"幼儿为本"的教育宗旨。

(2)科学引导,培养兴趣

婴幼儿对周围的一切事物充满着好奇,但世界是复杂多样的,由于对事物缺乏正确的分辨和判断的能力,可能对一些好的事物产生兴趣,也可能对一些不好的事物产生兴趣。比如,在智能化时代,大多数孩子是喜欢玩电子产品的。如果合理地规划时间,电子产品是可以娱乐自己的,但是大多数孩子缺乏自控能力,对电子产品很可能会过度迷恋,久而久之,不仅不利于他们的身体发育,也会对其心理发展造成不良影响。

就家长来说,在日常生活中,要学会保护孩子的好奇心和求知欲,以孩子的兴趣为出发点,遵循孩子的兴趣,但也要防止他们受到不良事物的侵害。例如,婴幼儿对于自然界中的"水"和"火"感兴趣,但是却不知道其中的危险所在,身为家长就要有意识地给孩子讲解安全知识,学会保护自己。就幼儿教师来说,要在了解幼儿兴趣的基础上,开展相关的教育活动,科学引导幼儿形成一种合理的兴趣,提高幼儿对于外界事物的辨别能力。比如,一些幼儿对于危险事物比较好奇,那教师就可以对此开展针对性的活动,既满足了幼儿对于危险事物的好奇,又可以提高孩子的防范意识,避免受到伤害。同时,如果教师发现孩子对某个事物或某项活动产生兴趣,也可以抓住时机适时地对孩子进行培养,可能就会挖掘出孩子真正的兴趣。

(3)创设环境,激发兴趣

有意义的环境往往会使婴幼儿产生一定的兴趣。如前所述,婴幼儿的兴趣容易受到外界环境的影响,因而需要尽量避免他们接触到不良的环境,同时也要为他们创设良好的学习和生活环境。在这种环境的熏陶下,他们的兴趣也就激发出来了。

父母和老师是孩子的一面镜子,他们创设的环境会潜移默化地影响着婴幼儿兴趣的形成和发展。家长要为孩子创设良好的家庭环境。一般来说,爱好体育运动的父母,他们的孩子大多数也对体育活动有着浓厚的兴趣;爱好书法绘画的家长,他们的孩子或多或少对书法绘画有着一定的兴趣;生活在音乐世家的孩子,多多少少会有着音乐方面的兴趣。反之,如果婴幼儿经常生活在家长抽烟、酗酒、打牌等不良的家庭环境中,他们就很难形成一种良好的兴趣。幼儿教师也要在幼儿园中为幼儿的兴趣发展创设良好的环境,这里既包括物理环境也包括心理环境。心理环境可以营造宽松愉悦的学习和生活氛围,物理环境可直接表现为幼儿园的环境设施。比如3岁的孩子在绘画方面处于"涂鸦期",幼儿园可以为他们设立一面涂鸦墙,供他们随意发挥,激发绘画方面的兴趣;也可以就孩子最近感兴趣的事物对主题墙进行重新装扮,营造一种良好的环境氛围。

2.满足婴幼儿的需要

(1)建立良好的交往关系

由于婴幼儿身心发展的限制,仅仅依靠自己的力量达到愿望往往不太现实,因而他们兴趣需要的满足都是建立在一定的社会关系基础上的。婴幼儿时期主要需要面对的社会关系包括亲子关系、师幼关系以及同伴关系。

对家长而言,家长与婴幼儿之间应该建立良好的亲子关系。家庭是孩子最初的生活场所,最初孩子的需要更多是生物方面的,比如生理需要、安全需要,随着孩子年龄的增长,其精神需要也渐渐显露出来,身为家长就要与自己的孩子建立一种和谐友好的关系,及时地沟通交流,才能准确地把握他们的发展需要。对幼儿教师来说,教师与幼儿之间应该建立良好的师幼关系。幼儿从家庭的环境过渡到幼儿园的环境中,更多是依靠教师,良好的师幼关系可以让教师读懂孩子的需要,并根据他们的需要,开展相关的教育活动。对于婴幼儿的同伴关系的建立,需要家长和教师双方,以及不同的家长和教师之间相互协助,让孩子在与同伴的交往中,和谐地解决矛盾和冲突,并与其他小伙伴建立良好的友谊。

(2)尊重婴幼儿的自我选择

婴幼儿心理发展到一定阶段就会产生自己做出选择的意愿,这往往就是他们满足自己需要的直接表现。身为家长和教师,如果不太了解不同年龄阶段孩子的不同需要,强制性地要求孩子按照成人的意愿发展,其效果可能会不尽如人意。

对家长来说,要经常地与孩子进行沟通交流,给予他们适当的自主选择权,切记不要用自己的想法或做法代替孩子的想法。很多家长认为孩子没有辨别能力,就会武断地"剥夺"孩子的选择权,帮助孩子做出选择,试想一下,孩子终归是要独立自主的,与其想长久地主宰孩子的未来,不如让孩子自己多接触,教孩子学会恰当地选取,提高他们的辨别能力。对幼儿教师来说,要具备幼儿身心发展的专业知识,学会准确地分析幼儿相关需要的类型与发展的特点,在尊重他们的基础上,引导他们做出正确的选择。

(3)寻找天性与教育的平衡点

好奇是婴幼儿的天性,外界环境对他们有很强的吸引力,在满足好奇的过程中,会产生一些不合理的需要。例如,过度地摄取糖果,没有节制地玩电子产品等等,时间长了就会对他们的身心发展造成伤害。这个时候就需要教育者进行科学的引导,在满足孩子合理需要的基础上,施加恰当有效的教育方式,促进孩子健康成长。

就家长来说,要对孩子的需要有所辨别,不要一味地无条件地满足。现在很多婴幼儿是由祖辈们带大,由于长辈对于子孙的溺爱,婴幼儿养成了一些不良的习惯。孩子的家长从小就要恰当引导,教会孩子有所辨别,与祖辈们进行有效沟通,形成良好的一致的教育理念和教育方式,切勿"拆了东墙补西墙",要从根本上解决问题。就幼儿教师来说,在尊重孩子天性的基础上,合理引导,帮助孩子克服不合理的需要,养成良好的个性。在幼儿园初期的生活中,教师要慢慢引导孩子学会生活自理,久而久之,孩子的自理能力会逐渐得到提升,也会主动地去帮助其他小朋友。例如,教师可以在班级开展值日活动,满足孩子乐于助人的需要。就像《三字经》中说的:"人之初,性本善。性相近,习相远。苟不教,性乃迁。教之道,贵以专。"孩子的天性在后天教育的合理引导下,行为发展会大有不同。

拓展阅读

天性与教育

央视前主持人阿忆讲过一件事。唐山大地震的时候,北京也有震感,很多人都从家里搬出来,在大街上搭起了帐篷。阿忆当时12岁,天天在帐篷间钻来钻去,跟一帮孩子疯玩。阿忆长大之后才知道,那一场地震造成24万人死亡。他开始对小时候的狂欢感到愧疚,他认为,小孩子都是活在自己的世界里,长大之后,经过教育的洗礼,心里才装得下别人的痛苦。当时看这篇文章的时候,我虽有同感,不过,总觉得好像少了点什么,直到看到梁晓声讲的一个故事。越战时,一个村庄被炸毁。一个小女孩身上着了火,正哭喊着往前跑。一名美国记者用相机拍下这个场景。梁晓声说,当时这个美国记者有3种选择:第一种,他顾不上拍照,赶紧过去把小女孩身上的火扑灭;第二种,他拍下照片后再赶紧过去灭火;第三种,他拍完照后,转身就走,因为他要急着给报社发照片。梁晓声拿着这3种选项分别问了小学生、中学生和大学生。

在小学生那里，毫无疑问都选择了第一种，被火烧多疼啊！在中学生那里，有选第一种的，也有选第二种的，因为拍下这张照片，可以让更多的人看到这场战争的残酷。在大学生那里，有人开始为第三种情况辩护，认为职业素质是很重要的，既然你选择了记者这个职业，就应该全身心地去拍更多更好的东西，并尽快把它发布出去。梁晓声感慨地说："如果我们培养的知识化了的人，在人性上还不如他们没上学的时候，是不是说明我们的教育出了问题？"阿忆的故事和梁晓声的故事，从正反两个方面讲了天性和教育的关系。

摘自作者马少华《读写月报》2018年24期

心灵体验

谁的兴趣班

① 天气好，心情好！

② 我要跳舞。

③ 我要弹琴。

④ 我不想去兴趣班，只想跟爸爸妈妈一起玩，说说话……

第三章 婴幼儿的感觉和知觉

内容简介

在婴幼儿所有的认知能力发展过程中,感知觉是发育最早也是发育最快的能力。感觉的发育在胎儿期就开始了,柔和的音乐声、外部环境强烈的刺激、母亲的声音等都有可能引起胎儿的反应。知觉是在婴儿出生以后开始发展,并且在3岁前发展十分迅速。婴幼儿能够通过感知觉来适应周围的环境,形成稳定的安全感。在这一感知环境的过程中,婴幼儿并不是对环境信息进行随机选择,而是有组织地、积极地感知、整合有效信息。而感知觉的发展深受活动的开展及教育的影响,它是一个不断发展和完善的过程。了解婴幼儿感知觉的发展特点和规律,有助于促进他们的感知觉健康发展。

目录

一、婴幼儿如何"望闻问切"

二、婴幼儿是如何回应这个世界的

三、发展婴幼儿感知觉的小小方法

一、婴幼儿如何"望闻问切"

心理叙事

佳佳今年4岁了,开始上中班。这学期在幼儿园,老师有时候会教小朋友们认识一些简单的拼音字母和阿拉伯数字,在练习的过程中出现了很多让李老师哭笑不得的场面。有一天,还是和往常一样,李老师先和小朋友们示例新的字母写法,今天学的是p这个字母,老师示例过后,让小朋友们自己练习。走到佳佳身边时,李老师发现佳佳把所有的p写成了b,李老师好奇地问道:"佳佳,你知道你现在写的字母读什么吗?"佳佳清晰地读出了p的发音,这说明佳佳是认识这个字母的呀。又过了一段时间,李老师教到了b这个字母,老师发现佳佳这次又反了过来,把所有的b写成了p,并且仍然能够清晰地读出b的发音,原来佳佳分不清b和p的区别,才会总是把两个字母写反,而且不止佳佳一个小朋友是这样的。经过一段时间的观察,李老师发现班里好几个小朋友都会出现这样的情况,在练习阿拉伯数字的时候,很多小朋友也常常将6和9弄反,6写成了9,9写成了6,或者是将2写成5,5写成2,3、5、7常常前后顺序颠倒过来写……这些现象在中班大班非常常见,李老师将这些现象告诉家长,家长也表示很苦恼,每次在家陪孩子一起画画写字的时候都会纠正过来,但下一次重新复习的时候还是会写反。

上面的情景会引起很多幼儿教师和家长的共鸣,细心的家长们也能够发现自己的孩子在成长的过程中,也或多或少会出现这样认反字母或数字的情况。这样的情况到底是不是正常的呢?从上面的情景中我们也能发现,佳佳其实是认识字母b和p的,她能够很清楚地读出字母的读音就充分说明了这一点,唯独在区分相似的字母、数字时会出现阻碍。作为成年人,经过从小到大十几年的学习,自然能够很清楚地分辨出b和p的区别,但是对于幼儿来说,尤其是4岁之前的幼儿,要区分出高度相似的字母是相当具有挑战性的。因为从幼儿的眼睛里看到的世界和成人眼中的世界有着天壤之别,这就需要我们站在幼儿的角度思考幼儿是如何看待世界的。

写反字母和数字是很多幼儿的"通病",很多家长会担忧是不是因为自己的孩子智力低下,或是因为幼儿根本没有在认真学习。其实,分辨不清相似字母与幼儿的个人视知觉发展状况有关,视知觉的发展是随着幼儿年龄的增长而逐步完善的,其中判断视觉发展状况的一个指标是对方位的辨别,幼儿会在特定的年龄阶段学会分辨上下、前后、左右,而分辨左右是相对较难的,也是发展最晚的。5岁左右,幼儿才能够以自我为中心分辨左右,7岁后才能以他人为中心辨别左右。因此,在中班、大班阶段,幼儿经常写反字母或数字,也属于正常现象。当然,生活中也存在一些幼儿视知觉发展较快的情况,能够在4岁左右正确分辨字母。家长和老师们也应当理解每个孩子都有自己的成长速度,不能盲目地相互比较,更不能以此为标准来判断幼儿智力的高低。

心理解读

事物具有一定的属性,人脑对直接作用于感觉器官的事物个别属性的反映就是感觉。感觉是最初级的认识过程,是一种比较简单的心理现象。它是人与外界保持联系的关键,在人的大脑皮层内形成。人的感觉是在长期的社会实践中发展起来的,接触外部世界越多,人的感觉就越敏锐,因此,在人的心理发展过程中,感觉起了至关重要的作用。

(一)感觉的分类

婴幼儿的感觉多种多样,根据感受器所在的位置以及外部刺激的来源不同,将感觉器官分为外感受器、内感受器以及本体感受器三种类别。外感受器主要分布在皮肤、眼睛、耳朵等处,它们负责接收感受外部环境的刺激,如感受光、声音等物理刺激;内感受器分布于心脏和心血管的位置,它们负责感受机体内在的化学和物理刺激,如感受心脏的跳动;本体感受器分布于肌、肌腱、关节等处,感受机体运动和平衡时所产生的刺激,如手指活动时内部产生的"啪啪"声。对婴幼儿感觉发展来说,主要包括外部感觉和内部感觉,其中外部感觉主要分为视觉、听觉、味觉、肤觉和嗅觉,内部感觉有运动觉、平衡觉和机体觉。

1.外部感觉

(1)视觉

视觉是指物体的影像刺激视网膜时所产生的感觉,以眼睛为主要的感觉器官,当外部的光作用于视觉器官,使视觉器官的感受细胞兴奋,感受到的信息通过视觉神经系统加工后便产生视觉。通过视觉,婴幼儿感知外界物体的大小、明暗、颜色、动静,获得对心理发展具有重要意义的各种信息,至少有80%的外界信息是通过视觉获得的,因此,视觉是婴幼儿最重要的感觉。

(2)听觉

听觉是指声音刺激听觉感受器时引起的感觉。听觉是由耳、听神经和听觉中枢的共同活动来完成的。耳是听觉的外周感受器官,由外耳、中耳和内耳组成,其中外耳和中耳是传播声音的系统,内耳是感受声音的系统。声波频率是听觉的适宜刺激,人耳能听到的纯音为16赫兹到2万赫兹之间;对声波振幅(音强)的感觉,最低可为0分贝,最高可达到120分贝。这种人耳能够听到的最小声音刺激的能力就是听觉感受性。婴幼儿听觉感受性的个体差异较大,受年龄、环境等多种因素的影响。例如,音乐听觉比较灵敏的幼儿,能够分辨出两个琴音之间的微弱差异。婴幼儿根据物体的声音及其变化,可以辨别发声物体的性质及其方向和距离等。例如,在空旷的山谷中,声音悠长又遥远,在密闭的狭小空间里,声音就会短促而洪亮。

(3)嗅觉

嗅觉是物质的气体分子作用于鼻腔黏膜时产生的感觉,它是由嗅神经系统和鼻三叉神经系统共同活动完成的。嗅觉感受器位于鼻腔顶部,叫作嗅黏膜,这里的嗅细胞受到某些挥发性物质的刺激就会产生神经冲动,冲动沿着嗅神经传入大脑皮层而引起嗅觉。嗅觉在婴幼儿的心理发展中起着非常重要的作用,一般来说,细微的气味能在不被察觉的情况下影响婴幼儿的心情、行为。例如,香气会使幼儿感到舒适、快乐,而恶臭会使幼儿感到不安、焦躁。

(4)味觉

味觉是食物在人的口腔内对味觉感受系统刺激时产生的感觉。常见的味觉有酸、甜、苦、咸等。舌面的不同部位对这几种基本味觉刺激的感受性是不同的,舌尖对甜、舌边前部对咸、舌边后部对酸、舌根对苦最为敏感。婴幼儿的味觉感受性与其生理状况密切相关。例如,婴幼儿在饥饿的时候对甜和咸的感受性是比较高的,而对酸和苦的感受性就比较低;但是在吃饱后情况就变得相反,对酸和苦的感受性提高了,对甜和咸的感受性降低了。此外,婴幼儿的味觉感受性也与嗅觉密切相关。例如,在感冒的时候,婴幼儿的嗅觉感受性降低,平时最喜欢吃的水果也会觉得没有胃口。

(5)肤觉

肤觉是皮肤感觉的简称,是外界刺激作用于人的皮肤引起的各种各样的感觉。一般来说,肤觉分为压、触、热、冷、痛五种,这些感觉的接收器散布在皮肤的各处,为感受空气的温度和湿度及流动情况等外界刺激而服务。肤觉对维持婴幼儿机体与环境的平衡有重要作用。肤觉是婴幼儿适应环境的一种预警保护系统。如果丧失了肤觉,婴幼儿就很难回避有害刺激对其身体的危害,也很难实现对体温的调节。例如,失去痛觉的婴儿,感受不到身体的危险,生活会变得异常艰难。此外,心理因素也会影响肤觉。例如,神情恍惚的幼儿也往往感受不到身边的危险。

2.内部感觉

(1)运动觉

运动觉又称为动觉,是对身体各部分的位置及相对运动产生的感觉。它在婴幼儿的感知、言语、思维过程中,以及各项动作技能(如唱歌、跳舞、跑步等)的操作过程中都起着十分重要的作用。动觉常常和其他感觉相互合作完成一系列任务。例如,婴幼儿的言语活动离不开言语动觉对声带、舌头、唇部的调节,否则婴幼儿就无法感知语音。各种动作技能的准确操作也离不开动觉的调节,例如舞蹈离不动觉对头、手、躯体和腿脚等身体各个部位的调节。

(2)平衡觉

平衡觉又称静觉,是人体做直线加速、减速运动或做旋转运动时产生的感觉。平衡觉的感受器是内耳的前庭器官。婴幼儿对头和身体的移动、蹲站以及翻身、倒置等运动的辨别,都依靠平衡觉。例如,婴幼儿在乘车、滑旱冰和跳伞、跳水的时候,都需要平衡觉来保持身体平衡,从而顺利完成有关的活动。

(3)机体觉

机体觉是机体内部器官受到刺激而产生的感觉,又称内脏感觉。婴幼儿常有的机体觉有饥饿、口渴、气闷、恶心、窒息、牵拉、便意、胀和痛等。机体觉在婴幼儿身心健康发展中也起着重要的作用。例如,婴儿感到饥饿、渴的时候,就会主动寻找食物和水,或者向成人发出信号,"哭闹","爸爸喝水"等,来满足身体的需求。

(二)婴幼儿感觉的发展

1.婴幼儿视觉的发展

刚出生的婴儿就能感受到外界的光亮,并且对不同强度的光亮也能够有所感知和区分。在出生后的两三个星期内,两眼运动仍然不协调。出生2个月左右,视觉发展到能集中注视一定的物体;3个月的时候能够追随活动的物体或人;5~6个月的时候,可以较长时间注视远距离的物体;6个月左右婴儿的视力基本达到成人的正常视力,同时对颜色的敏感度也随着月龄的增加而持续发展,3个月的时候婴儿就能够区别出灰色和彩色;4~8个月时,婴儿开始喜欢亮度更大的颜色;2~3岁时,婴儿能最快认识红黄两色,3岁时就可以正确辨别红黄蓝绿。随着年龄的增长,幼儿正确辨别的颜色种类也会逐步增加,与此同时,幼儿会将常见的颜色和实物相联系,如黄色代表的是香蕉,橙色则代表的是橘子,红色代表的是苹果等;5岁时,幼儿辨别色彩的能力会出现一个转折点,随着幼儿接触的活动、环境越来越丰富,他们的颜色辨别能力也发展得越快。因此对新手家长来说,培养婴儿的视觉发展能力可以试着这样做:

0~6个月时,可以在宝宝眼前20~38厘米处放一些具有黑白对比色的玩具。

6~12个月时,可以多给宝宝呈现颜色对比鲜明的图像和玩具。

2.婴幼儿听觉的发展

婴儿刚出生时,听觉其实并不灵敏,出生两周以后,才可以集中听力,把眼睛转向发出声音的方向。一般来说,婴儿最喜欢听到的是人的声音,尤其是母亲的声音,因为当婴儿还未出生时,在母亲的腹中也能听见声音,母亲的声音对婴儿来说是最为熟悉的;3个月左右,婴儿才能感受到来自不同方向的声音;6个月的婴儿可以辨别出音乐中的旋律、音高等不同;1岁左右的婴儿能够听懂自己的名字,听到家长呼唤他的名字时会有所回应;2岁左右的婴儿能够听懂简单的吩咐,4岁时幼儿的听觉基本发育完善。因此,母亲可以在孕期多和腹中胎儿说话,播放轻柔缓和的音乐,出生后也可以给宝宝提供小音量的风铃声、钢琴声等悦耳的声音,丰富他们的听觉感知能力。

> **拓展阅读**
>
> 抓住绝对高音训练的关键期
>
> 　　绝对高音是指人们对声音实际音感的感受能力。拥有绝对高音的人，具有在没有任何基准音的情况下区别出两个不同音高的声、能够准确模仿出所听到的声音、能够直接听出乐谱的实际音高等能力。通过对婴儿绝对高音的研究发现，如果从5～6岁前就开始训练听力，成年后有接近90%的人拥有绝对高音；从6岁左右开始训练，成年后有接近70%的人拥有绝对高音；从9岁后开始训练，那么成年后只有不到40%的人拥有绝对高音。所以婴儿绝对高音的听敏度受听觉训练的影响，国际儿童音乐能力的培养与调查也表明，3～9岁是孩子进行绝对高音训练的敏感期。这也是为什么西洋乐器需要从小开始学习的原因，一般优秀的音乐家都具有绝对高音的感知能力。

3.婴幼儿触觉的发展

　　婴儿期的触觉其实已经很发达了，刺激他们身体的不同部位也会有不同的反应，尤其是手掌、脚掌、前额、嘴唇对外界的刺激反应十分敏感。但是经常会出现这样一种情况，刚出生的婴儿对痛觉反应比较迟钝，尤其在躯干、腋下等部位更不敏感，因此，即使不小心把婴儿弄疼，婴儿的反应却不是很明显。1岁前的婴儿主要以口腔作为触觉器官，他们会用嘴巴来认识、接触这个世界。比如婴儿通过吮吸来进食，当婴儿会坐、会爬的时候，他们看到了新鲜的东西还是会习惯性用嘴巴尝一尝，这就是为什么很多家长会抱怨孩子不到一岁的时候什么都会往嘴巴里塞，连鞋子也不例外。当然随着年龄的增长，四肢的成熟发展，这种触觉器官就逐渐转移到手，他们会通过抓握、抚摸物体来认识一些事物，因此家长可以准备一些安全又有触感的玩具，以供幼儿触摸，时刻注意保持家里玩具、幼儿可触及物品的干净、卫生，以方便幼儿的触摸，从而发展他们的触觉能力。

> **拓展阅读**
>
> ### "皮肤饥饿"理论
>
> "皮肤饥饿"是指孩子在婴幼儿时期很少得到父母的拥抱、亲昵、抚摸等,长大以后形成一种潜在的渴望爱、渴望关心的情感需求。生活中缺乏皮肤触摸的婴幼儿,会出现咬手指、啃玩具等行为。
>
> 美国威斯康星大学灵长类研究所所长哈洛在1958—1961年所做的实验证明了这一理论。哈洛用两只人造"妈妈"来养育刚出生不久的小猴子,一只"妈妈"是用金属丝做成的,但是在它胸前挂了一个奶瓶,另一只"妈妈"是用类似真母猴肤质的软布做成的,但是没有放奶瓶。随着时间迁移,小猴和毛布"妈妈"显得更亲近,遇见陌生事物,也选择躲在毛布"妈妈"的身后。
>
> 该实验证明了孩子与母亲的身体接触对消除孩子的不安以及保持稳定情绪发挥着重要作用。如果长时间让婴儿处于皮肤饥饿状态,会引起孩子食欲不振、智力发育迟缓等异常情况。所以父母应该经常搂抱,经常对婴儿的背部、颈部、四肢等进行抚摸,轻吻他们的面颊、额头等,这样会极大满足婴儿的触觉需要,有利于婴儿的健康成长。

4.婴幼儿嗅觉的发展

婴儿出生时嗅觉中枢与神经末梢就已经发育成熟,这意味着他们刚出生就具备一定的嗅觉感知,闻到乳味就会寻找乳头,如同听觉一样,刚出生的婴儿对母亲的气味也更加敏感,在面对不同的气味时,婴儿总是偏向于选择母亲的气味;3~4个月时能区别愉快与不愉快的气味;7~8个月时开始对芳香气味有反应,因此在给婴儿进食时可以多给他闻一闻不同的气味,比如香醋,让其感受酸味;多带宝宝出去晒晒太阳,开展户外活动,闻闻花香;也可以将宝宝用的香皂、爽肤粉、香水等物品让他们闻一闻,促进婴儿嗅觉能力的发展。

5.婴幼儿味觉的发展

婴儿在出生时就具有感知味道的能力,出生一个月以内就能辨别甜、酸等味道,相比于苦、咸、酸,他们更喜欢甜味。例如,当把甜甜的液体放到婴儿嘴巴里时,他们会表现出十分愉快开心的表情,但是尝到咸味、苦味、酸味的液体时,他们会皱起眉头、远离味道,显示出拒绝的反应,这也表明4~5个月的婴儿对食物味道的微小改变已经很敏感;6个月至1岁时,婴儿在这一阶段味觉发展最灵敏。如果想让婴儿的味觉得到良好的发育,家长应该重视婴儿断奶期的味觉体验,在6个月至1周岁期间,给宝宝添加不同味道、种类的辅食,促进婴儿对不同食物的喜好。需要注意的是,当婴儿学会爬的时候,活动范围迅速扩大,好奇心会让他们用嘴巴来认识新事物,所以家长要随时关注并保证婴幼儿可触摸物品的卫生整洁。

❋ 心灵小结

1.一般来说,婴幼儿的外部感觉主要分为视觉、听觉、味觉、肤觉和嗅觉,内部感觉有运动觉、平衡觉和机体觉。

2.家长在培养婴儿的视觉发展能力时可以这样做:0~6个月时,可以在宝宝眼前20~38厘米处放一些具有黑白对比色的玩具。6~12个月时,可以多给宝宝呈现颜色对比鲜明的图片或玩具。

3.母亲可以在孕期多和腹中胎儿说说话,播放轻柔缓和的音乐,出生后也可以给宝宝提供小音量的风铃声、钢琴声等悦耳的声音,丰富他们的听觉感知能力。

4.婴幼儿的味觉要想得到良好的发育,家长应该重视宝贝断奶期的味觉体验,为孩子添加不同口味的辅食。

二、婴幼儿是如何回应这个世界的

◎ 心理叙事

文文到了要上幼儿园的年纪了,九月份一开学,妈妈就带着文文去幼儿园报到。早上起床的时候,妈妈起晚了,赶紧拉着文文往学校跑去,嘴里不断念叨着:"这可怎么办呀,八点半就快到了,我们要迟到了哦。"文文站在路边原地不动,看着路边的行人说着:"不迟到。"妈妈被逗笑了,这才意识到文文还不懂什么是八点半呢。还有一次在幼儿园的小组活动中,文文和琪琪在叽叽喳喳讨论问题,琪琪说:"上个星期六妈妈带我去了海洋馆看海豚了呢!"文文"不甘示弱",也自豪地说:"昨天妈妈也带我去了,我还看到了许多鱼……"老师把这个场景描述给文文妈妈听,她们都一起笑了起来,其实带文文去海洋馆不是昨天的事,而是两周前了。文文上中班的时候,老师在幼儿园里说到了时钟的问题,从此以后文文就爱上了说几点钟我该……比如:老师说了,十一点半的时候要吃午饭,十二点的时候就要睡午觉啦;太阳公公升起来的时候就该起床啦等等。有时候文文自己都分不清时间,却一本正经地教导爸爸妈妈,实在让爸爸妈妈哭笑不得。

心理解读

幼儿到了一定的年龄阶段,会对时间特别敏感。3岁左右的文文一开始不知道什么是八点半,对他来说,时间是一个模糊的概念,八点半没有对应一件具体的事情,所以文文根本无法理解什么叫作迟到。当文文和琪琪讨论去海洋馆的经历时,文文将两周前的经历当作是昨天的事情,因为他并不知道两周前和昨天有着什么样的区别,也不会使用时间标尺来判断不同时间段,加上时间关系是一个比较抽象的东西,对幼儿来说,理解起来还是很困难的,他们的时间知觉发展水平仍然处于一个较低的层次,因此家长大可不必担心孩子平时出现的时间紊乱状况,随着年龄的增长,幼儿的时间知觉水平会逐步发展完善。

总的来说,幼儿在学龄前的时间知觉发展缓慢,但是在其他方面的知觉会快速发展,比如大小知觉、形状知觉、方位知觉等。

(一)知觉类型

知觉是直接作用于感觉器官的事物整体在人脑中的反映,是人对感觉信息的组织和解释的过程。同感觉一样,知觉也是刺激物直接作用于感觉器官而产生的,都是我们对现实的感性反映形式。知觉是各种感觉的结合,它来源于感觉,但是不同于感觉。通过知觉,婴幼儿能够认识事物的意义。

分类标准不同,知觉类型也不一样。

1. 知觉分析器标准

根据知觉的分析器不同,将知觉分为视知觉、听知觉、嗅知觉、触摸知觉等,跟前面介绍的几种感觉是相结合的,他们共同构成了一系列复杂的知觉活动。不同的是知觉反应的是事物的整体,也就是事物的意义。比如,三条线段相互连接围成的一个封闭图形是三角形,对三角形的认知就是知觉,而对构成三角形的线段的认知就是感觉。再比如,婴幼儿闻到气味是感觉,能够描述出气味的名称就是知觉。

2. 客观事物的特性标准

根据客观事物特性的不同,知觉主要分为空间知觉(包括形状知觉、深度知觉、大小知觉和方位知觉)、时间知觉和运动知觉等。

空间知觉是指获得物体的形状、大小、远近、方位等空间特性的知觉。对婴幼儿来说,空间知觉是他们生存发展必不可少的能力之一,因为在日常生活中,他们需要空间知觉来判断物体的远近、大小、高矮和方向,否则可能会遭遇危险。当然,婴幼儿的空间知觉水平各不相同,都是在日常生活实践中逐步培养和发展起来的。

(1)形状知觉

物体形状特性在人脑中的反映就是形状知觉。它是在视觉、触觉、动觉等协调合作下产生的,简单来说就是婴幼儿通过眼睛看、手触摸等来判断出物体的形状。例如,婴幼儿通过眼睛和触摸可以说出圆形、方形等积木的形状。

(2)大小知觉

大小知觉是对物体的长度、面积、体积在量方面变化的反映。同样,大小知觉也是在视觉、触摸觉和肌肉运动觉几种知觉共同参与下实现的。其中,主要依靠的是视知觉作用,婴幼儿往往通过眼睛来直接判断物体的大小。例如,用眼睛可以直接判断大球和小球、大朋友和小朋友等。

(3)深度知觉

深度知觉是对物体距离远近的反映,又称为距离知觉或立体知觉。它是个体对同一物体的凹凸或对不同物体的远近的判断。机体的视网膜虽然是一个两维的平面,但它不仅能够感知到平面的物体,而且还能产生三维空间的深度知觉。婴幼儿的深度知觉主要是通过双眼视差实现的。例如,幼儿通过观察桌面上放置的两个大小一样的积木玩具,一个近,一个远,借助于两个物体在视网膜上成像的大小就可以判断出成像大的近,而成像小的就远。深度知觉在婴幼儿身心健康发展中起着重要作用,可以保护他们的身体免受外界伤害。比如,当一个球向幼儿飞来的时候,就需要幼儿利用深度知觉快速做出躲闪反应。

(4)方位知觉

方位知觉是对物体或机体自身空间方向和位置关系的反映。为了适应社会生活,婴幼儿经常需要对环境及他们在空间的位置进行定向。方位知觉是借助一系列参考系或是仪器,依靠视、听、嗅、动、触摸、平衡等感觉协同活动来实现的。例如,婴幼儿能够分辨自己的上下、左右、前后等方位,就是利用这些感觉器官综合得出的。

时间知觉是对客观事物的时间关系(即事物运动的速度、节奏、延续和顺序性)的反映,是一种以内脏肌体感觉为主的复杂的知觉过程。对时间的知觉信息,既可以来自于外部环境,也可以来自内部信息,外部主要表现在宇宙的周期性变化,比如太阳的东升西落、季节更替,内部则表现在机体生理上的运行过程。由于年龄、生活经验的不同,婴幼儿之间在时间知觉方面存在着明显的差异。例如,一般来说,在时间的认识与判断上,大班的幼儿比小班的幼儿准确性更高一些。

运动知觉是对物体空间位移的知觉,它直接依赖于对象的运动速度。如果物体运动的速度太快或太慢,都不能产生运动知觉,当然它还受观察者本身的状态所影响。比如,婴幼儿很难用眼睛观察到手表上时针的移动或光的运动,因为它们的速度太慢或是太快。实际上,世界万物都在运动,只是运动速度快慢而已。因此,要让婴幼儿判断物体的运动速度,就要借助另一物体进行比较。这个被比较的物体就是运动知觉的参考系统。选择的参考系统不同,运动知觉也不同。例如,跟孩子一起坐汽车,有时孩子会说车子外边的房屋在向后运动,有时又会说向前移动,这就是运动参考系的不同造成的。

(二)知觉的基本特性

婴幼儿对客观事物的知觉,总是受一定的主客观条件所制约,因此知觉也有着自己独特的活动规律,主要表现在以下几个方面。

第一,知觉的选择性。选择性是在感知事物的时候,会有选择性地将物体的其中一部分当作感知的对象,而另外一部分就成为知觉的背景(不被感知)。例如在图3-1中,让幼儿选择左边图的黑色部分作为知觉对象,他们会说看到是两个人脸,如果选择白色部分作为知觉对象,他们会说看到的是一个杯子。右边图也是同样的道理,这就是知觉的选择性。

图3-1 两可图形

第二,知觉的整体性。当看到的物体不完整的时候,个体根据已有的知识经验,对物体进行加工处理,使知觉到的物体保持完备,这一特点称为知觉的整体性。例如,让幼儿观察图3-2,问他们看到了什么,一般都会说看到了两个三角形,但有时又会怀疑,因为这两个三角形看起来都是不完整的,都具有三角形的轮廓。为了更好地理解,就把被遮挡起来的部分和只有轮廓的部分知觉为一个完整的三角形,这就是知觉的整体性。家长和幼儿教师可以借此判断幼儿的知觉发展状况。

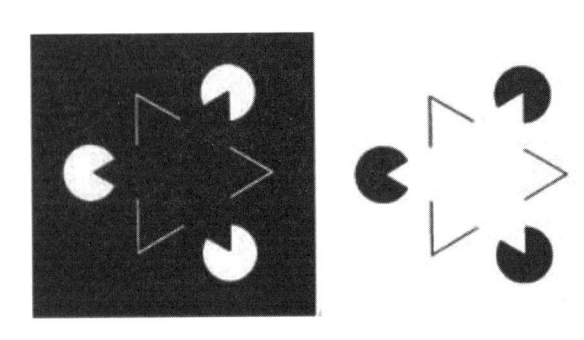

图3-2 不规则三角形

第三,知觉的理解性。个体在感知事物时,总会根据自己以往的经验来解释它究竟是什么,这就是知觉的理解性。一般来说,婴幼儿的生活经验不同,对同一个物体的知觉结果也是有所区别的。例如,看画在纸上的圆圈,有些幼儿会理解成鸡蛋,有些幼儿会理解成球,还有些会说成眼镜等等,这就是经验不同导致的知觉理解的差异。

第四,知觉的恒常性。当客观条件在一定范围内改变时,知觉映象在相当程度上却保持着它的稳定性,包括方向、大小、颜色、形状等恒常性。客观事物从不同角度来看会出现不同的形状、大小和方向,但实际上,他们并没有发生任何变化。例如,让幼儿观察图3-3,他们会说都是他们家的房门,一个是关闭的,一个是微开的,最后一个是半开的。虽然看上去微开的和半开的门比关闭的门小了一些,但幼儿仍然把它们知觉为同一门的不同状态,这就是知觉的恒常性。家长和幼儿教师也可以借此训练和发展婴幼儿的大小知觉恒常性。

图3-3 大小恒常性

(三)婴幼儿知觉的发展

1. 空间知觉的发展

(1)形状知觉

幼儿对形状的感知存在一个逐渐发展多样化的过程。从婴儿期开始,视觉分辨形状的能力就已经开始发展。婴儿对形状有一定的偏好,他们喜欢观察复杂的图形胜过简单的图形;喜欢清晰的图形胜过模糊的图形;喜欢看曲线胜过直线和三角形;婴儿出生6个月时,就具备手眼协调抓握物体的能力;2~3岁婴儿对其周围常见的物体已能辨认,也能认识一些简单的图形;小班幼儿能够辨认出圆形、方形和三角形;中班时,能够把两个三角形拼成一个大的三角形,把两个半圆拼成一个大圆;大班时,幼儿认识的图形种类大大增加,能够认识椭圆形、菱形、六边形和圆柱等,并且他们能够把长方形折成正方形,把正方形折成三角形。对幼儿来说,识别图形的顺序由易到难排列为:圆形—正方形—半圆形—长方形—三角形—五边形—梯形—菱形。幼儿在上幼儿园期间,经过幼儿教师和家长的教育活动以及经验的积累,随着年龄的增长,对几何图形的感知也愈加敏感。在日常生活中,家长或幼儿教师可以通过开展游戏的方式来帮助幼儿认识图形。比如给幼儿呈现不同形状的图形,正方形、圆形、三角形等,每个形状准备多个,并且颜色不同,让幼儿选出相同颜色的图形,选出相同形状的图形,也可以变化玩法,选出相同大小的图形,以此训练,加深幼儿对图形的认识。同时,在生活中遇到的很多物品都是有形状的,家长和幼儿教师可以根据生活物品帮助幼儿认识图形,比如看到黑板就知道它是长方形,看到太阳就知道它是圆形等,孩子们总会在潜移默化中认识各种图形,发展形状知觉能力。

(2)大小知觉

大小是所有幼儿都必须懂得的另一物体属性。婴儿在2岁左右就开始能够判断出大和小的不同,并且要结合到具体实物上,比如区分大香蕉和小香蕉,但是他们仍然不能理解大小的实际概念。随着年龄的增长,婴幼儿区分大小的能力迅速增长。例如让幼儿按照顺序排列三个大小不同的圆柱体,2.5岁~3.5岁做对的占25%,3.5岁~4.5岁做对的占67%,而4.5岁~5.5岁则占100%。对大小知觉的训练同样可以用上面的形状知觉训练游戏,综合发展幼儿的颜色知觉、形状知觉、大小知觉,当然也可以换一种图形,比如字母的大小、数字的大小、动物的大小等。

(3)深度知觉

出生1个月左右的婴儿已经能够对逼近的物体做出某种初步反应,具备原始的深度知觉;2~3个月的婴儿会出现对来物的保护性闭眼反应,但对物体明显的躲避反应则是从出生4~6个月开始。一般来说,婴幼儿深度知觉的能力是随着年龄的增长和后天教育而不断发展的。关于婴幼儿的深度知觉水平,有一个著名的"视崖实验"(图3-4),通过"视崖"装置实验表明,深度知觉的发展与外部环境的接触有着巨大关联。例如把6~7个月大的婴儿(还不会爬)放在"视崖"上,他们并没有产生害怕的感觉,但同样大的婴儿(已经会爬)即使在有母亲陪伴的情况下,也不愿意继续往前爬,而是试图后退或回避,这说明会爬的6~7个月大的婴儿已经产生了深度知觉。

图3-4 视崖实验

(4)方位知觉

婴幼儿的方位知觉水平主要表现为对上下、前后、左右的辨别。一般来说,婴幼儿方位知觉的发展主要分为四个阶段,第一阶段:3岁左右,能够分辨上下。第二阶段:4岁左右,能够分辨左右。第三阶段:5岁左右,能够以自身为中心分辨左右方向。第四阶段:7岁左右,能够以他人为中心分辨左右方向,并且能够分辨出两个物体之间的方向。

儿童分辨左右方位的能力在7岁以后还会继续发展与完善,值得注意的是,幼儿对左右方位的辨别主要还是取决于他们思维水平的发展,后面的章节会对思维进行详细讨论。

2.时间知觉的发展

时间具有非直观性、连续性、不可停留性的特征。对于年龄较小的婴幼儿来说,他们主要依靠直观形象来认识世界,对感知非形象的时间存在一定的困难,因此婴幼儿对时间的感知发展会晚一些。

如前所述,个体感知时间的信息主要来自两个部分,一是内部信息,二是外部信息。对于刚出生不久的婴儿来说,他们感知时间的途径就是内部信息,也就是我们所谓的"生物钟",哺乳者知道何时该给婴儿喂奶,何时该换尿布,这在无形之间也给婴儿提供了潜在的时间作息。

心理学家皮亚杰将儿童时间知觉的发展分为三个阶段:

第一阶段:4.5~5岁,儿童还没能区分时间关系和空间关系;

第二阶段:5~6.5岁,儿童开始把时间次序和空间次序分开,但是还不能完全分开;

第三阶段:7~8.5岁,儿童最后开始能够区分时间关系和空间关系。

其中,7岁左右是儿童时间知觉发生质变的时期,也是其时间知觉迅速发展的关键期,但在此之前,家长和幼儿教师可以适当给幼儿加入时间概念的指导,在日常生活中加入时间的规定,比如八点去上学,九点吃水果,十一点半吃午饭,十二点半睡觉,上午下午是白天,晚上是夜晚等等,让幼儿在无形之中受到时间的启迪。不过也有细心的家长会发现生活中可能会出现这样的情况,幼儿每天都有固定的作息时间,比如规定了每天定时定点看动画片的时间,但有时候幼儿会等不及,等不到七点半再看动画片,他们可能指着钟说已经到了七点半了,甚至他们也可能会直接将钟调到七点半,然后理所当然地开始看动画片,这样的行为让家长忍俊不禁。其实这是因为幼儿理解时间的能力有限,随着年龄增长,就慢慢懂得了时间的实际意义。

❋ 心灵小结

1.幼儿在学龄前的时间知觉发展缓慢,但是在其他方面的知觉会快速发展,比如大小知觉、形状知觉、方位知觉等。

2.幼儿对形状的感知存在一个逐渐发展多样化的过程。从婴儿期开始,视觉分辨形状的能力就已经开始发展。

3.婴儿在2岁左右就开始能够判断出大和小的不同,并且要结合到具体实物上,但仍不能理解大小的实际概念。

4.对于年龄较小的婴幼儿来说,他们主要依靠直观形象来认识世界,对感知非形象的时间存在一定的困难,因此婴幼儿对时间的感知发展会晚一些。

三、发展婴幼儿感知觉的小小方法

心理叙事

丽丽今年5岁了,妈妈记录下了她和丽丽的一个日常对话,她们的对话是这样的。一天早上,丽丽左手拿着一杯水,右手拿着一支棒棒糖,她喝一口水,然后再吃一口糖,玩得很开心。这时候,在厨房准备早餐的妈妈听到了丽丽的呼唤:"妈妈,你快来看!""怎么了呀,叫得这么大声哦?"妈妈走过去问。丽丽很兴奋地拿起了手里的杯子,指着杯子对妈妈说:"妈妈,你看我的糖糖长大了呢!"女儿将棒棒糖放在了水里,棒棒糖看起来变大了很多。妈妈不知道该怎么和她解释这是折射的现象,只好告诉她:"宝宝,快把你的糖拿出来,一会儿就化没了哦!""不!"丽丽一脸认真地说,"我要等它长得大大的呢!"妈妈觉得很无奈,但也只好由着丽丽去了。

看到这样的丽丽,大家应该都会觉得很可爱,因为她充分展现了孩子的童真童趣。丽丽自己喝水的时候发现将糖放进水里,糖就会变大的现象,并且她还会积极地和妈妈分享她神奇的"发现",丽丽的妈妈应该感到很高兴,因为丽丽善于观察身边的细小事物,这对她观察能力的发展是十分有益的。对成人来说,糖在水里会变大是一件不值得关注并惊讶的事情,这是折射的正常现象,但是对只有五岁的丽丽来说,这可就是个天大的发现了,她不理解什么是折射,她只相信自己所看到的景象,虽然丽丽妈妈不知道该如何解释这样的折射,但是适当地鼓励和支持还是有必要的,只有得到成人的肯定,幼儿才会更加积极主动地投入到观察中去。

观察能力是婴幼儿时期知觉发展的重要内容。现实生活中,家长或幼儿教师如果碰到相似的情景,完全可以换一种回应方式,首先夸奖孩子的发现,然后鼓励孩子自己去寻找原因,并且给予一定的引导和启发,促进幼儿的观察能力的发展。

心理解读

观察,是一种有目的、有计划的知觉活动。观,指看、听等感知行为;察,指分析思考。可见,观察不只是视觉过程,是以视觉为主,融其他感觉为一体的综合感知,而且观察也包含着积极的思维活动,是知觉的高级形式。

观察力即观察能力,是对事物的观察能力,如通过观察发现新奇的事物等。在观察过程中幼儿会对声音、气味、温度等事物有一个新的认识。观察力是智力结构的第一要素,是智力发展的基础。观察力的高低会影响个体感知的精确性,甚至影响想象力和思维能力的发展。

幼儿时期是智力迅速发展的时期,观察力作为智力的第一要素,理应受到足够重视。幼儿通过感知觉认识世界,获取外界环境的信息,通过观察,能够使幼儿更好地适应周围的世界。

(一)幼儿观察力发展的特点

1. 由粗糙到细致

小班幼儿在观察事物的时候只能看到事物的表层现象。比如只能关注到物体的一个整体,而不会在意这个整体的各个部分或是细节,只是简单地略过。初步观察显得略微粗糙,随着年龄的增长,开始慢慢观察对象的细节,由粗糙的观察转变为细致的观察。但在观察的过程中,幼儿的观察效率和自身的兴趣倾向有极大关联,当观察的事物是他们喜爱或是感兴趣的东西,他们会反复、仔细地观察,如果观察对象过于普通,对他们没有吸引力,那么观察就会不那么细致了。其次,幼儿的已有经验也会影响他们观察的效率,对于已有相关经验的幼儿来说,观察事物会相对更细致准确一些。

2. 由无目的到有目的

幼儿在3~4岁期间,观察力还处于一个初步发展的阶段,观察事物的能力也有限,年龄越小,观察事物的目的性就越低。因此小班的幼儿最初还不能进行组织性、目的性很强的观察活动,他们的观察往往很随意,就算老师给出了十分明确的观察任务,他们也会在中途忘记自己的任务转而去做别的事情。

到了稍大一些,上中班、大班的时候,在幼儿老师的指导下,幼儿开始能按照要求进行一些简单且有目的的观察活动。在观察过程中,他们也能够明确自己的观察目的,并且适度排除外部环境的一些简单干扰,专心完成自己的任务。

3.由依赖到独立

幼儿初期,观察的目的和任务都是由老师给予幼儿的,在观察的过程中也主要依赖老师给予帮助和引导,对于观察的结果,幼儿很容易受其他人的影响和暗示,缺乏观察的独立性。

幼儿中晚期,在老师的指导要求下,幼儿开始独立观察事物,大部分时候由自己做出观察结果,并且能够对自己的观察结果做出一些简单的描述。

4.由不稳定到稳定

幼儿观察事物的稳定性是和年龄呈正相关的。小班幼儿观察事物所持续的时间较短,很容易受到无关刺激的干扰而随时变换观察对象。一般情况下,幼儿自由观察图画的平均时间,3~4岁约为7秒钟,4~5岁约为8秒钟,6岁观察的时间显著增长,约为12秒钟。随着年龄的增长,幼儿观察事物的稳定性逐渐增强,观察时长也会增加。当然,幼儿观察事物的稳定性同样与他们的兴趣倾向密切相关,对于感兴趣的对象,他们观察的稳定性自然更高一些。

5.由无概括性到有概括性

小班幼儿还不善于从事物的整体上发现内在的联系,随着他们思维能力的不断发展,观察的概括性也不断增长。一般来说,儿童对图画认识能力的发展经历了以下四个阶段:①认识"个别对象"阶段;②认识空间联系阶段;③认识因果关系阶段;④认识对象总体阶段。幼儿大部分属于第1、2阶段,即属于感知图片阶段。小学阶段的儿童则达到第3、4阶段,已超过感知图画的水平,达到了思维的水平。例如,让幼儿观察一个电动玩具车,大部分幼儿能说出玩具车的构成部分及其各部分的联系,但对于玩具车的内部构造,尤其是工作原理就比较困难了。

总体来说,在整个婴幼儿阶段,随着年龄的增长,婴幼儿观察事物的目的性、稳定性、概括性、独立性都会有所发展。其中,观察的效率与幼儿自身的兴趣倾向、已有经验有关,因此在整个幼儿期,对幼儿观察能力的培养首先要把握住幼儿的兴趣所在。

(二)幼儿观察力的培养

幼儿有目的、有组织地进行观察是在日常生活中、学习活动中不断发展而来的。当然这也缺不了家长和幼儿教师的努力,家长和幼儿教师可以通过以下途径来培养幼儿的观察力。

1.在日常生活中培养幼儿观察的兴趣

俗话说得好,"兴趣是最好的老师"。无论是学习还是生活,兴趣都是助推幼儿不断向前发展的巨大动力。家长和幼儿教师首先要了解幼儿的兴趣喜好,根据他们的喜好合理安排观察任务。当然也可以培养幼儿的兴趣,幼儿总是对新奇的事物感到好奇,因为好奇他们就会产生兴趣。为此可以组织一些春游活动,去野外、公园、森林、动物园等场地,在户外活动中提高丰富的视觉体验。外界的一切对于幼儿来说都是新奇的,足够激发他们的好奇心与求知欲。同时,室内活动也可以包括植物、动物的成长,幼儿园里可以设置各种区角。例如种植区,让幼儿观察植物生长的变化;或是小动物区,养一些金鱼、蝌蚪等,让幼儿观察它们的成长进程。对大部分幼儿来说,观察都是从兴趣开始的,他们也容易受到成人的影响,因此家长和幼儿教师在生活中可以运用夸张的语言和神态,和幼儿一起探究有趣的东西。

2.帮助幼儿明确观察的目的和任务

观察的效果如何,主要取决于观察的目的和任务是否明确。在观察之前,家长和幼儿教师要帮助幼儿明确每一次的观察目的和主要任务,并且在观察过程中不断强调。如前所述,幼儿观察的持续性和稳定性较弱,需要家长和教师不断提醒,否则幼儿很容易受到外界干扰而忘记自己的任务。如何在观察过程中明确任务呢?对幼儿来说,任务不能太复杂,简单而又准确的任务对他们来说才是容易理解的。比如幼儿教师让幼儿观察鱼缸中的金鱼,首先让他们观察金鱼的形状,其次是金鱼的颜色,然后再看看金鱼是怎样游泳的,它的眼睛嘴巴长什么样等等,每个问题一个个来,引导幼儿按照要求进行观察。下一次观察,可以让幼儿试图摸一摸金鱼,感受一下触感。后期也可以增加难度,提供不一样的鱼种让幼儿进行对比观察等等。

3.教给幼儿正确的观察顺序和方法

无论是学习还是观察,只靠兴趣是不能维持太久的,效率也不会得到很大提升。需要有科学的观察方法和技能。很多幼儿在观察的过程中不知所云,有的不知道从哪里开始观察,有的不知道应该先观察什么后观察什么。这就需要幼儿教师和家长教会幼儿观察要遵循一定的顺序,比如从整体到部分、从上到下、从左到右,从前到后等。经过多次训练,孩子头脑中就形成了清晰的观察步骤。

4.指导幼儿做观察总结

观察结束后要及时做好汇报总结。对幼儿来说,与其说是汇报,不如说是分享观察过程与结果。让孩子们积极表达在观察中的奇妙发现,认真仔细聆听孩子们的描述,并适时地给予表扬和客观有效的评价。孩子们非常希望自己的观察结果能够得到老师和同伴们的称赞。但需要注意的是,教师对幼儿的表扬不能是盲目、模糊、任意的,而应该结合实际,鼓励为主,实事求是地进行表扬,并提出更好的观察建议。这样一来,既肯定了幼儿的观察效果,又指出了下一次的观察方向,更激发了观察的动力。

心灵体验

时间小迷糊

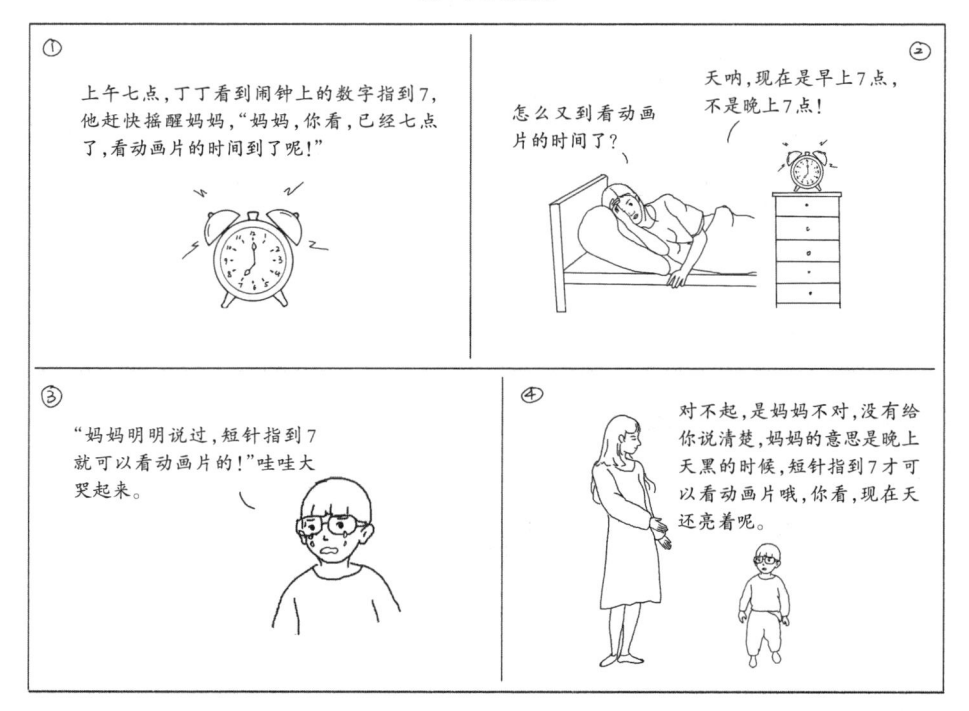

① 上午七点,丁丁看到闹钟上的数字指到7,他赶快摇醒妈妈,"妈妈,你看,已经七点了,看动画片的时间到了呢!"

② 怎么又到看动画片的时间了?
天呐,现在是早上7点,不是晚上7点!

③ "妈妈明明说过,短针指到7就可以动画片的!"哇哇大哭起来。

④ 对不起,是妈妈不对,没有给你说清楚,妈妈的意思是晚上天黑的时候,短针指到7才可以动画片哦,你看,现在天还亮着呢。

第四章 婴幼儿的注意和记忆

内容简介

"全神贯注"和"聚精会神"是我们用来形容人在注意事物时的一种状态。而这种状态对婴幼儿来说尤为重要。注意是一种心理状态,是心理活动对一定对象有意识的指向与集中,它是婴幼儿获取知识和发展智力的起点。当然,注意不是一种独立的心理过程,而是伴随着人的其他心理活动一起发生的。比如我们常说的注意思考、注意听讲等,都是注意和其他心理活动相结合的表现。同时,注意是记忆的必要前提,良好注意力的发展能够推动婴幼儿记忆品质的提升。了解婴幼儿注意力和记忆发展的规律和特征,有助于培养婴幼儿良好的注意和记忆能力,为婴幼儿更好地适应社会打下坚实基础。

目录

一、婴幼儿好动是好事还是坏事

二、"我昨天就去过游乐园"真的是撒谎吗

三、提高婴幼儿注意力和记忆力的小小策略

一、婴幼儿好动是好事还是坏事

心理叙事

大三班的活动室里,张老师正在跟小朋友们分享关于地震的知识。峰峰在不停地踢小板凳,老师为了让峰峰一起参与讨论,对峰峰说:"峰峰,你可以告诉老师当地震来临的时候我们最好躲在哪里吗?"峰峰似乎没有听见,还在继续弄小板凳。"上课的时候要专心听老师说哦,别的小朋友都在认真听呢,你也跟他们一起学习好不好呀?"老师又接着跟峰峰沟通,这个时候峰峰点了点头表示答应,然而没过两分钟,峰峰又坐不住了,开始玩前面小女生的头绳。老师说了几次也无济于事。

下午放学的时候,峰峰爸爸来接他回家。张老师跟峰峰爸爸聊了一会,说:"最近峰峰在学校各方面表现都很好,特别是游戏环节很积极。只是最近我们两位老师都发现峰峰上课的时候注意力不是很集中,总是想着动起来,在座位上也坐不住,所以想了解一下峰峰在家里的情况是怎么样的。"峰峰爸爸一听也表示赞同,连忙说道:"我和他妈妈最近也发现峰峰比以前更好动了,虽然以前也会到处蹦蹦跳跳,但是还会听我们的话。现在就是完全劝不住,好像有无限的精力用不完,我跟他妈妈都怀疑他是不是有"多动症",还想着要不要带他去医院看看……"

看来,峰峰最近是有些过于好动,连爸爸妈妈和老师都开始发现这个问题,但也没找到一些好的解决办法。那峰峰的这些表现到底是不是"多动症"呢?

从上面的情景中,我们能够看到小主人公峰峰最近注意力不太集中,喜欢到处摸摸碰碰,也不能集中注意力听老师说话,在家里的表现也是如此。爸爸妈妈都已经开始怀疑他是不是有"多动症"了。这类情况可能很多家长和老师都有所体会。有一段时间里孩子会异常兴奋,过于活泼好动而没有节制,采取很多办法都不奏效,最后只能就此作罢,任其发展。但是当我们仔细观察峰峰的表现,就会发现他的注意力不集中都是有理由的,因为他将他的注意力放在了别的事物上。例如他注意的是小板凳和小女孩的头绳,而不是老师说的地震知识。导致峰峰注意力不集中的原因有很多,可能他对地震知识不感兴趣,或者是其他事物的干扰,也可能是峰峰睡眠不足或是生病等,都是影响峰峰注意力不够集中的隐藏因素。而且,对大班孩子来说,随着与外部世界的接触越来越多,他们感兴趣的事物也越来越多,好奇心会让他们集中注意力,也会让他们分散注意力,这是相对的。

家长和幼儿教师需要明确"多动症"和注意力不集中的区别和联系。"多动症"又称为注意缺陷多动障碍,是儿童时期一种较为常见的心理行为障碍,最近几年已经受到很多教育工作者的重视。"多动症"的主要表现是与年龄不相称的注意力难以集中,注意广度缩小,不分场合地过度活动,情绪容易冲动并伴有认知障碍和学习困难等。但在幼儿阶段,很多孩子喜欢东拿西碰、到处乱跑,甚至一心多用,做做这个再玩玩那个。但是把这些行为直接总结成"多动症",这显然是不正确的。在"多动症"的诸多表现中,注意力不集中、喜欢东跑西跑只是其中的一部分表现,但这并不意味着好动就是"多动症"。是不是"多动症"最终还是要由专业的医疗机构来检查、诊断。因此,家长或教师不能因幼儿的某些异常行为就妄下定论,否则对孩子来说可能就是致命的打击。

心理解读

(一)注意的概念及特性

注意在日常生活中是十分常见的。比如"当心车子""小心湿滑的地面""盯着电动小熊"等等,都是注意的表现。对来到这个世界还不算太久的婴幼儿来说,周围的一切环境都是新奇而陌生的,任何一件小玩意儿都能够引起他们的注意。世界如此广大,能引起婴幼儿注意的事物数不胜数。注意是婴幼儿日常生活和学习中不可或缺的一部分。

注意是一种心理状态,它是心理活动对一定对象的指向和集中。其中指向性和集中性就是注意的两大基本特性。例如眼睛盯着滑滑梯,侧耳倾听小朋友的悄悄话等都是注意。

注意的指向性是在某一特定时刻心理活动指向了某一对象,而同时离开了其他对象。比如,孩子在一边低头玩积木,爸爸在旁边朝着孩子喊:"乖乖,看爸爸。"孩子会抬头并把眼睛朝向爸爸,这就是注意的指向性。需要说明的是,这里的指向性总是带有一定的选择性,即在关注某一对象时,自动忽略了另外的对象。例如,当幼儿在听老师讲故事的时候,老师说到哪里,他就会跟着情景听到哪里,整个过程十分专注,这个时候幼儿的注意指向老师的话语,而同时,他们很少会注意到身边有人经过。

注意的集中性是指心理活动在指向某一对象时,会对这一对象进行"深入加工",停留下来,也就是常说的集中注意力,把所有的心思都关注到当前这一对象上来,使当前这一活动得以继续开展下去。注意的集中性会让婴幼儿集中当前所做的事情,而抑制与当前注意对象无关的活动。比如,当婴幼儿注意力高度集中的时候,会对身边的人或事物"充耳不闻、视而不见"。注意的集中性保证了婴幼儿能完整地、深入地认识当前关注的对象。

(二)注意的功能

注意在婴幼儿适应生活、完成学习任务中起着重要的作用,一般来说,注意具有以下功能。

第一,选择功能。注意的指向性表明了注意会有选择地指向某个对象,这里有选择就是指注意的选择功能。这一功能使得婴幼儿在某一个时刻选择有意义的、符合当前活动需要和任务要求的信息,同时避开无关的干扰。例如,幼儿去商店买他们喜欢的磁力球时,注意的选择功能就会迫使幼儿把心思放在磁力球上,而忽略了其他的玩具,以帮助幼儿快速地买到他们喜欢的磁力球。

第二,保持功能。保持是指把注意维持在当前活动上的时间长度。注意的保持功能有助于婴幼儿长时间地把心思用在当前进行的活动上,保证活动的顺利进行和学习任务的按时完成。例如,搭建积木房子,需要保持长时间的注意,才能够顺利完成,否则搭建几分钟就走神或是转移注意力,会导致房子搭建不能正常进行,甚至会半途而废。

第三,调节监督功能。保持长久的注意力当然是好事,但即便是成人,也很难集中注意一个事物超过30分钟。对婴幼儿来说,年龄越小,注意保持时间越短,幼儿的注意保持时间一般在3~15分钟左右。为了完成复杂的活动或学习任务,需要注意的调节监督功能来使婴幼儿的心思能长久地保持在该活动或学习任务上。为了让幼儿完成语言学习活动,需要幼儿教师精心设计语言故事活动,可以运用多种方式来调配幼儿的注意力,如富有魅力的语音、直观形象的肢体动作、幼儿角色扮演、生动活泼的情节展示、教师提醒等,让幼儿把注意力在语言学习活动的各个构成部分上不断转换,就能很好地让他们的心思始终维持在语言学习活动上,直至完成任务,这就是注意的调节监督功能。

(三)注意的类型

根据注意有无目的和意志努力,可以把注意分为无意注意、有意注意两种类型。

1. 无意注意

无意注意就是没有预定目的,也不需要付出意志努力的注意。无意注意一般是在外部刺激突然出现的情况下产生。比如婴儿在埋头看绘本,突然一个声音,或一个陌生人靠近,婴儿会不由自主地抬头查找声音来源,或观看陌生人,这就是无意注意。一般来说,外部刺激的强度、刺激物之间的对比、刺激的新颖性等是影响婴幼儿无意注意的外部因素。比如刺耳的声音、扑鼻的芳香,容易引起婴幼儿的无意注意;一堆香蕉中间放了一个火龙果,火龙果也容易被婴幼儿优先注意(对比明显);同伴突然换了新衣服,也会引起婴幼儿的无意注意。

此外,婴幼儿的身心状态也会影响无意注意,主要包括婴幼儿的兴趣和需要、情绪状态、已有经验等。例如,看到自己喜欢的玩具,婴幼儿忍不住会多看几眼;玩累了的时候,连平时最喜欢的食物都懒得看;游乐场中会优先关注自己曾经玩过的蹦蹦床等。

2. 有意注意

有意注意是指有预先目的,并且需要做出一定程度意志努力的注意。有意注意在日常生活和学习中很常见。例如,幼儿努力听老师讲"老鹰捉小鸡"的游戏规则,聚精会神听妈妈讲绘本故事等。同样,影响有意注意的因素也分为外部因素和婴幼儿的内部身心状态。例如,幼儿喜欢的儿歌会不厌其烦地去听、去唱;幼儿对儿童节表演的节目往往投入更多的精力;组织有序的比赛,幼儿往往能观看很久;意志坚定的幼儿,常常不容易被干扰等等,都是有意注意的体现。

有意注意是一种需要做出意志努力的注意,长时间保持会产生疲倦感,所以家长和教师要根据婴幼儿的实际情况,量力而行。

(四)婴幼儿注意的发展

婴幼儿的注意发展经历了从无意注意到有意注意的发展历程,但二者经常是相互交织在一起的,协调维护着婴幼儿良好注意品质的养成。

1. 婴儿注意的发展

婴儿注意是随着年龄的增长而不断发展的。0~1个月左右的新生儿更偏爱简单明了的图形,对人脸的关注多于对其他事物的关注;1~3个月的婴儿注意开始丰富起来,偏爱复杂的刺激物,更关注曲线和不规则的图形;3~6个月的婴儿对外界环境的探索更加积极,感知觉能力也逐渐发育完善。他们对能看见的和可操作的物体更加感兴趣,注意时间更持久;6~12个月时,婴儿的注意更加丰富,比如选择性抓握、取物等。与6个月前相比,婴儿受经验的影响程度逐渐加深,会更关注熟悉的人,有时还会露出微笑,对母亲更加依恋;1~3岁期间,婴儿注意更加复杂,明白被挡住的物体依旧是存在的。在此期间,言语的发展为婴儿打开了新世界的大门,言语能够支配婴儿的注意力,同时他们注意的事物更加广泛,注意时长也有所增加。例如,精神状态好的时候,婴儿注视母亲的脸可以持续几分钟。

2. 幼儿注意的发展

3岁以前,婴儿的注意大多属于无意注意。3~6岁的幼儿虽然无意注意仍然占据主要地位,但在教育的影响下,有意注意也快速地发展起来。3岁以后,幼儿的有意注意开始逐步发展,但是还处于一个低水平阶段。幼儿的生理发育特征决定了他们还不能保持较长时间的注意。由于大脑还未发育完善,他们还不能有意识地控制自己的注意,需要家长和教师的耐心引导和帮助。比如在幼儿园里,老师要求小朋友们集体行动,对班级的规章制度要有所了解并坚持遵守,这就在有意识地引导孩子们集中自己的注意,和集体保持一致状态。在这个学习的过程中,他们也会慢慢掌握一些集中注意的方法,并在活动中具体操作。

纵观整个幼儿阶段,幼儿的注意发展表现出了以下几个特点:

首先,注意的范围变广,由少变多,由小到大。幼儿小的时候因为发育尚未

完善,能够活动的范围仅限于一张床。随着月龄的增加,他们开始学会爬、站、走,活动范围渐渐扩大;

其次,注意的稳定性不断提高,注意的时长不断增加。一般来说,小班幼儿注意的时长约为3~5分钟,中班幼儿的注意时长是8~10分钟,大班幼儿的注意时长是10~15分钟。当然,在这个发展过程中,外界接触到的事物和幼儿自身的特点都会影响他们注意的具体时长。例如,内向、安静的孩子相比活泼、爱动的孩子注意时间会相对较长;幼儿喜欢的游戏可以玩很久都不累。

最后,注意的转移能力不断进步。注意转移是根据要求,将注意从当前对象转移到另一对象上。幼儿阶段,注意转移需要在幼儿言语发展良好的前提下进行训练,主要是因为幼儿的注意转移能力需要家长或教师的积极言语引导和配合。例如,观察小动物,需要引导幼儿先观察什么,后观察什么,其中离不开注意的转移。同时,要区分注意转移和注意分散的区别,注意转移是积极的注意品质,而注意分散是消极的注意品质。

❈ 心灵小结

1.好动不等于"多动症","多动症"的判断要经过专业机构详细地甄别。

2.注意具有集中性和指向性两大基本特性,它具有选择功能、保持功能以及调节监督功能。

3.注意分为有意注意和无意注意,可以根据有无预先目的和是否付出意志努力来判断注意的类型。

4.婴幼儿阶段,主要以无意注意为主导,有意注意初步发展。

5.幼儿阶段,注意发展的特点是注意的范围不断扩大,稳定性不断提高,转移能力不断发展。

二、"我昨天就去过游乐园"真的是撒谎吗

心理叙事

在做幼儿园老师的第一年,我跟着教学经验丰富的李老师一起带小班。有一天,班里小亮的妈妈突然找到幼儿园来了。小亮妈妈说:"最近几天亮亮放学回家都很开心,总跟我说今天在幼儿园被老师表扬了,还发了好多超级飞侠的小贴画,前两天我听着还很高兴,后来发现有些不对劲,我也没看到他把小贴画带回家呀。还有一次,我在路上碰到了欣欣妈妈,她问我游乐园好不好玩、门票贵不贵,我当时还有点诧异,因为我最近也没去过游乐园啊,问了他爸爸也没说带他去游乐园,后来听她说才知道,是亮亮跟欣欣说上周我带他去游乐园玩了旋转木马,还说得跟真的一样。我这心里可实在不是滋味,这才来幼儿园问问老师,亮亮在学校表现怎么样。老师你说,亮亮现在怎么老爱说谎呢?"听了这番话后,我和李老师心里都有了数,笑着对亮亮妈妈说:"您现在别太担心,亮亮不一定是在撒谎,他可能是真的觉得自己去过游乐园了哦……"

那么,亮亮到底是不是在"撒谎"呢?从亮亮妈妈的描述中能够看出亮亮对上周去游乐园玩耍的场景是历历在目,但实际上他确实没有去,这到底是为什么呢?

其实,亮亮的行为表现体现了3岁幼儿典型的记忆特点,他们的记忆与现实往往是混乱的。3岁正是想象力快速发展的阶段,这一阶段中最容易把自己想象的事情当作是现实发生的。因为亮亮很渴望得到老师的表扬,也很想拥有小飞侠贴画,去游乐园更是如此,由于愿望过于强烈,导致他把这种愿望当作了现实。所以这不算是一种说谎,而是他在心理发展过程中的一种正常行为表现。这种类似的情况还有很多,家长和教师在碰到这种情况要学会理解幼儿,不能简单地认为他们是在撒谎。

心理解读

记忆是人脑对过去经验的反映。记忆属于心理活动的高级过程,包括识

记、保持和回忆三个环节。其中,回忆又包括再认和再现。识记是感知觉对外界信息的识别,识别的信息得到进一步的加工会保持在头脑中,被保持的信息在需要的时候提取出来就是回忆。记忆的三个环节是紧密相连,密不可分的。记忆是人积累生活经验和知识的基本手段,也是思维发展的基础。

(一)记忆的类型

记忆的分类有很多种,分类标准不同,记忆类型也不同。

1.按保持的时间长短,可将记忆分为感觉记忆、短时记忆和长时记忆

感觉记忆,又称为瞬时记忆,是信息在头脑中短暂保留,一般在0.25~2秒之间,主要包括视觉感觉记忆和听觉感觉记忆。由于保留时间太短,只有受到注意的信息才会进入短时记忆。

短时记忆,又称为工作记忆,信息在头脑中保持大约一分钟以内的记忆。短时记忆容量有限,一般是7±2个组块。"组块"是记忆单位,它可以是一个数字、一个语词、一个字母,也可以是一个短语、句子等。组块可大可小,因人而异。经验丰富的幼儿,可以在较短的时间内记住大量东西。例如,对数字敏感的幼儿,能准确地复述家长刚刚说过的手机号码。

长时记忆,是信息在头脑中保持一分钟以上,甚至是终生的记忆。它是短时记忆信息经过深度加工后保留下来的结果。比如婴幼儿学会的儿歌、诗词可以张口就来。长时记忆保持量很大,保持的信息都经过了意义加工,所以能保持很久。长时记忆是衡量婴幼儿记忆好坏的主要指标。

2.按记忆的内容,可将记忆分为形象记忆、情绪记忆、运动记忆和逻辑记忆

形象记忆,是对曾经感知过的事物的形象的记忆。例如婴幼儿对看过的山河、听过的乐曲、触摸过的小狗、尝过的糖的记忆等。形象记忆的典型特点是直观形象性。

情绪记忆,是对体验过的某种情绪或情感的记忆。比如幼儿提起几天前因为帮助摔倒的小伙伴而受到老师表扬的事情时,仍然很高兴;也会因为谈论几天前跟小伙伴吵架的情景时,依然很生气。

运动记忆,是对曾经做过的动作的记忆。比如放学回家后,幼儿依然记得在幼儿园里学过的舞蹈动作,做过的眼保健操。

逻辑记忆,是对概念、公式、规律或操作步骤等逻辑思维形式的记忆。例如幼儿对搭建房子、画桌子的步骤的记忆。

关于记忆的分类其实还有很多,可以参见其他的书籍或资料,这里就不一一介绍了。

(二)婴幼儿记忆的发展

1.婴儿记忆的发展特点

说到婴儿的记忆,很多人可能会产生疑问,婴儿什么都不知道,怎么会有记忆呢? 其实,婴儿从出生不久就已经具备记忆能力了,虽然他们无法用言语表达出来,但通过观察其肢体动作,是能够看出婴儿是具有记忆能力的。

婴儿最开始的记忆还是和母亲有关。比如当母亲抱起婴儿准备喂奶时,婴儿会自己闭着眼睛寻找乳头,这就是婴儿对进食动作的记忆。

婴儿在出生2~3个月的时候,眼睛已经能够清楚地看见出现在眼前的事物了。当物体呈现在婴儿眼前时,他们能看见,当消失不见时,他们也会用眼睛去找,这与他们的注意发展是紧密相关的。

6个月左右,婴儿开始认识自己母亲的面孔,对母亲产生依恋,对熟悉的面孔能够有所回应。

1~2岁以后,随着言语能力的发展,婴儿的记忆能力逐渐增强,能够记住很多物品。比如给孩子香蕉、苹果时,让他们拿出香蕉,他们能够正确地拿出香蕉。或是指着鼻子问孩子这是什么,他也能正确回答出鼻子。

2~3岁左右,婴儿开始学会唱歌,能够记得一些简单的歌词或旋律,能对自己喜欢的东西加以区分和识别。

2.幼儿记忆的发展特点

3岁以后,幼儿进入幼儿园学习,记忆得到迅速发展,表现出以下几个特点。

(1)无意记忆占优势,有意记忆逐渐发展。无意记忆和有意记忆的区别就在于事先有无明确的目的,有没有运用一定的方法。幼儿阶段,他们所获得知识和经验大多都是在游戏、生活中通过无意记忆获得的,而这些知识经验的记忆程度受幼儿自身的兴趣,也受活动对象本身的新颖程度的影响。到了中大班,教师会带着幼儿开始有目的的记忆,比如一些字母、数字,或是故事情节的记忆等。这样一来,幼儿的有意记忆就逐渐发展起来了。

（2）记忆内容逐渐丰富。一般来说,幼儿记忆出现的先后顺序是运动记忆、情绪记忆、形象记忆,最后是逻辑记忆。到幼儿中晚期,他们记住的东西会更加丰富,既有动作的,也有形象的,甚至也有逻辑的。比如,幼儿会很有兴致地唱起了幼儿园里学的儿歌,并配以连贯动作,显示出了幼儿记忆内容的丰富性。

（3）记忆的理解程度不断提高。根据记忆材料的理解程度可以将记忆分为机械记忆和意义记忆,幼儿阶段一般都是机械记忆,因为幼儿大脑皮质正处于发育中,反应较慢,对事物的理解程度较低,所以以机械记忆为主。例如,很多幼儿能完整的背诵《三字经》《千字文》,甚至是唐诗宋词,但往往不太理解其中的意义。但到幼儿晚期,一些幼儿在背诵的基础上,也能够理解其中的意义了。

（4）记忆内容的正确性逐渐提高。在幼儿初期,他们记忆的正确性还是比较低的,回忆识记对象的时候常常会出现遗漏、脱节和颠倒顺序的情况。同时也可能会把自己看到过的情节当作是自己亲身经历过的,就是前面案例中提到的主观意识和客观现实混淆的现象。幼儿年龄越大,记忆的正确率就越高,但是总体上说,整个幼儿阶段,记忆的正确性水平都是比较低的,保持的时间也不会很长久,这就是为什么人们常常回忆不起幼儿园的经历。

总的来说,婴幼儿的记忆和其他能力一样,总是在不断发展的,只是各自发展的速度和时间有所差别。家长和教师都可以在日常生活中有意识地去培养幼儿有意记忆,为良好记忆的发展奠定坚实的基础。

❀ 心灵小结

1.把想象当作是现实。不能简单地认为这是撒谎,而是孩子在心理发展过程中的一种正常行为表现。

2.记忆是人脑对过去经验的反映,包括识记、保持和回忆三个环节。

3.记忆按保持的时间长短分为感觉记忆、短时记忆和长时记忆;按记忆的内容,分为形象记忆、情绪记忆、运动记忆和逻辑记忆。

4.婴儿阶段,记忆与注意发展紧密相关,且随言语能力发展而不断增强。

5.幼儿阶段,无意记忆占优势,有意记忆逐渐发展。记忆发展的特点是内容逐渐丰富、理解程度不断提高、内容的正确性逐渐提高。

三、提高婴幼儿注意力和记忆力的小小策略

心理叙事

东东最近经常抱怨,为什么大家总要我专心一点?我只是想出去玩有什么不对吗?碰到可爱的玩具我就想去摸一下它也不可以吗?老师上课的时候我也有认真听呀,只不过窗外的小鸟实在太可爱了,我就忍不住去追它嘛。爸爸妈妈都不让我好好看动画片,那我当然要不停换台啦,谁让他们只顾自己开心,都不让我看海底总动员……

这是东东小朋友内心的独白,他觉得自己并没有做错什么,但是大人们总是在数落他不够专心认真。站在孩子的角度来看,好像他确实没做错什么,但是从成人的角度来看,东东就是一个总在开小差的孩子。这就是婴幼儿常见的注意力不够集中的问题,对此,家长和教师该怎么做呢?

首先,要考虑孩子的年龄特点和心理发展水平,他们注意力集中的时间有限,我们不能以成人的标准来评估孩子的发展。

其次,成人要思考造成孩子注意力不集中的原因可能有哪些。比如,孩子认知发展不够成熟,脑神经发展还未完善;孩子可能情绪不够稳定、缺乏安全感;可能孩子身体不适,没有被发现,导致注意力不集中;也可能孩子只是单纯对当前开展的活动不感兴趣。这些都是导致孩子注意力不够集中的原因。要先找到原因,才能"对症下药"。

最后,要采取相应的合理措施。比如丰富活动的形式和内容,用游戏或讲故事、角色扮演的方式让孩子集中注意力,参与到活动中去。当孩子感兴趣时,自然就将注意力集中到活动中了;给孩子轻松安逸的氛围,减轻孩子的心理压力;安排合理有效的活动程序和作息时间,每个年龄段孩子的注意保持时间都不一样,根据孩子的年龄特征安排具体的活动时长,注意保持会更好;可以用奖励糖果、小红花或其他奖品的形式鼓励孩子保持集中注意;等等。通过一段时间的训练和教养,孩子就会养成良好的态度和注意集中的习惯。

以上是针对婴幼儿注意力不集中的问题进行的操作建议。在日常生活中,该如何有意识地去培养婴幼儿的注意力呢?

首先,要培养他们对事物的广泛兴趣。如前所述,兴趣是发展良好注意力的内在动力,只有面对感兴趣的事物或活动,孩子们才能比平时保持更久的注意力。例如,多带孩子参与一些具体的有意义的实践活动,如博物馆、科技馆活动等。

其次,丰富他们的知识经验。简单点说就是多带孩子出去看看世界,不要把孩子生活的环境局限于家、幼儿园。在时间、条件允许的情况下多带孩子看看不同的生活环境,认识世界万物,这样他们就能建立起对这个世界更为广阔的认识。我们都知道,熟悉、接触过的事物更能引起我们的无意注意。对孩子来说更是如此,所以,世界那么大,多带孩子去看看。

再有,无论是在生活中,还是在幼儿园的教学活动中,家长和教师都要记得帮助孩子明确参与活动的目的。就像上文提到的培养孩子的观察力一样,只有明确了目的,才能更有效地促进其有意注意的发展。

最后,要因人而异。每个孩子都有个性,不能以同样的标准一概而论。有些孩子生性安静,喜欢自己安静地看书、画画,注意力也很集中;而有些孩子生性活泼好动,他们就不会像安静的孩子那样保持长久的注意力,所以面对个性不同的孩子时,要采取不同的教育方式。例如,对生性内敛的孩子可以适当安排活泼一些的角色,而对于好动的孩子就安排安静一些的角色,比如小班干、小管家这种,让他们在各自的角色中发挥所长,养成良好的注意力。

心理解读

关于婴幼儿记忆发展过程中出现的普遍问题就是我们前面案例中提到的孩子"说谎"的问题。面对这个问题,必须要辨别清楚孩子是真的在说谎还是因为记忆混乱而出现的"谎话"。年龄较小的孩子不太理解什么是说谎,他们只是习惯单纯地表达自己内心的想法。例如,孩子在电视上看到小朋友去海洋馆看海狮,就会很开心地告诉别人我昨天看到了海狮,在海洋馆里,可好玩儿了。这种情况不能算是"说谎"。孩子的记忆发展水平比较低,并且容易受到外界的影响和暗示。当他们把现实与想象弄混淆以后,他们就会表现出成人所认为的"说谎"现象。这种情况下,家长或教师可以根据实际情况,尽量帮助孩子满足愿望,体验真正的游乐园、海洋馆之行。当然,如果是确实体验过的情况下,小朋友在跟别人交流的过程中出现时间概念的混淆,那就是对时间知觉的不敏感。这还是因为孩子身心发展的不完善导致的。幼儿阶段,孩子对时间没什么概念,分不清今天、明天、后天的区别,成人只需要耐心地纠正引导他们对时间概念的认知即可。

日常生活中,该如何促进婴幼儿的记忆更好地发展呢?

1. 提供丰富生动的记忆材料。在婴幼儿还小的时候,准备多种多样的卡片给孩子翻看,帮助幼儿识记,根据对应的卡片,读出它的名称。比如看到苹果卡片,就可以指着苹果,告诉他这叫苹果。除了卡片以外,生活里的任何物品都可以指给孩子认识,引导他们熟悉记忆这些对象。等孩子稍大一些,就要扩大识记范围,提升识记难度,并且变化识记形式,比如你画我猜这样的游戏互动方式,增加其趣味性。

2. 培养婴幼儿对识记事物的兴趣和自信心。记忆效果的好与坏与婴幼儿是否对识记事物感兴趣紧密相关。当婴幼儿心情很好时,识记的主动性会更高,识记效果也更好。这就要求在引导婴幼儿识记事物时,要多鼓励和表扬,尽量减少批评和数落,就算孩子答错或是没有识记出来都不要太过在意。我们的本意是让孩子得到发展,而不是打击孩子的自信心,让其畏畏缩缩,不敢前进。

3. 教会婴幼儿有效的识记方法和策略,促进其有意记忆的发展。在日常活动或是幼儿园的游戏活动中,家长和教师都要记得在教给孩子知识的同时,注意把握方法的传授。寻找一些简单好用、适合孩子的识记方法,比如关联法,将识记对象和其他相似对象联系起来。或是对比法,将两种识记对象进行对比,加深识记的印象;再有就是归类法,同类对象放在一起识记,比如把水果放在一起进行识记。日常生活中可以教孩子按颜色、大小来分类家里的物品。还有整体部分法,从部分看到整体,再从整体分开看部分,比如电动娃娃的组成部分等。以上都是帮助孩子提高识记能力的小方法。

4. 帮助婴幼儿进行及时的复习巩固。短时记住的东西,如果长时间不复习也会忘记。成人尚且如此,更何况婴幼儿呢。比如婴幼儿今天还能流利地背诵《三字经》,一个星期后可能就背不出来了。为了能记得长久一些,就要引导孩子对识记过的对象定期复习,隔一段时间就要带孩子重新识记一次,可以变换识记形式,比如倒背、抽背、分段背等孩子感兴趣的方式来进行。此外,复习次数也应有所变化,比如一开始可以复习得频繁一些,后期就可以适当延长复习的间隔时间。

> **拓展阅读**
>
> ### 瑞典冠军的超强记忆法
>
> 在学习的道路上,拦路虎一直都是"记忆"。不能准确记住知识点,就不能灵活应用。但是,记忆力其实是可以通过后天培养的。一位名叫 Idriz Zogaj 的瑞典人就找到了非常有效的方法。他喜欢旅游,为了能够与不同国家、不同地域的新朋友们顺畅交流,他不得不学习其他国家的语言。但是盲目地背诵语法、单词,让他十分头疼,可离开这几种形式,他的语言学习又不得不以失败告终。但为了逃避枯燥的学习方法,他一直在努力尝试,探寻能够帮助自己快速记忆的方式,竟然歪打正着地发明了"瑞典记忆法"。他不但成了瑞典记忆冠军,并且5年蝉联冠军宝座,在世界上也保持了最强记忆者第22名的成绩。
>
> 你可以开始给孩子建立这样一个脑回路:太阳出来了,就有了彩虹,太阳是"sun",彩虹是"rainbow"。看见彩虹,兔子在微笑,兔子是"rabbit",微笑是"smile"。一点一滴把图片中的事物建立起联系,一方面回忆起了图画中有什么,另一方面还记住了对应的单词,简直是一举两得。想要孩子从小养成超强记忆力,机械地反复记忆,效果不见得好。不如帮助孩子寻找一种大脑喜欢的方式,利用联想的力量,帮助孩子记住知识点,记忆更多内容。

心灵体验

记忆谎言

① 我跟你说,昨天妈妈带我去恐龙乐园玩,那里的恐龙超大的哦! 好厉害哦! 我也想去。

② 妈妈,昨天浩浩去了恐龙乐园,我也想去。

③ 喂! 浩浩妈妈,恐龙乐园怎么走? 听说你带浩浩去了那,我家孩子也吵着要去呢!

④ 我什么时候带浩浩去恐龙乐园了? 我咋不知道呢?

第五章　婴幼儿的想象和思维

内容简介

爱因斯坦说过:"想象力比知识更重要。"这用在婴幼儿身上再适合不过。一般来说,想象力、创造力丰富的孩子,长大后大多都具备强烈的责任感和好奇心。他们对学习探知充满热情,他们对生活充满向往,他们乐观勤奋,甚至智力超群。这种想象同时也是一种间接概括的思维活动,而思维是智力活动的核心,是高级的心理活动,在婴幼儿心理发展中占据重要地位。了解婴幼儿想象和思维的特点及其发展规律,有助于培养婴幼儿丰富的想象力和创造性,为日后心理的充分完善的发展奠定基础。

目录

一、"老师,我的梦想是变成超级飞侠帮助别人!"

二、爸爸的爸爸是爷爷——婴幼儿会推理

三、培养婴幼儿想象和思维的小小方法

一、"老师,我的梦想是变成超级飞侠帮助别人!"

心理叙事

"真正的战斗,现在就要开始了!乐迪!变身!哈!嘿!""是时候呼叫超级飞侠来帮忙啦,我是乐迪,每时每刻,准时送达!"

浩浩从4岁开始,突然疯狂地迷恋超级飞侠,每天回家第一件事就是吵着要看超级飞侠飞往各地送包裹的视频,一边看还一边做出动作,嘴里还不停地念叨着"呼唤超级装备",别提有多专注了。为了他心爱的超级飞侠,最近家里堆的玩具全是看起来一模一样的超级飞侠模型,但是每次浩浩都会纠正爸爸妈妈,说:"他们长得根本就不一样,这个是乐迪,这个是多多,这个是卡文!他们的装备都很厉害的!等我长大了,我也要变成超级飞侠帮助别人解决困难!"只要一说到他的超级飞侠,他马上就起劲儿,一直自顾自地说个不停,好像有说不完的话。

有一次在幼儿园里,老师在说一个绘本故事,故事的小主人公莎莎梦想自己变成一只小鸟后,飞到很多地方遇见了很多有趣的事情。老师讲完故事以后,就问小朋友们的梦想是什么呢,这个时候浩浩激动地举起手站起来说:"老师!我的梦想是长大以后变成超级飞侠帮助别人!"老师听到后笑了笑,又问大家,"你们觉得变成超级飞侠以后,可以怎么帮助别人呢……"

浩浩的梦想很伟大,他的梦想是保护地球、保护人类,是不是应该夸夸他呢!从日常生活来看,大部分小男生会在4岁左右开始喜欢上超级飞侠,因为4岁左右,他们的语言发展迅速,能够和成人进行无障碍地语言沟通,也能够看懂超级飞侠的剧情,这个时候也正是想象力迅速发展的时期,他们会不自觉地把自己代入超级飞侠的情景中去,想象自己变成了超级飞侠,飞往世界各地乐于助人的样子,这些都让他们感到兴奋不已。在视频中看到的动作、听到的台词都会被他们记住,并且反复练习模仿。在这个想象模仿的过程中,孩子们把自己当作了超级飞侠这样的英雄,对超级飞侠的向往和专注,成为他们做出其他行动的推动力。因此,家长在碰到这类情景时,不用刻意制止,应该主动和孩子交流关于超级飞侠的一切,孩子都会主动跟你分享,这样不仅能增进亲子关系,也能帮助孩子发展语言,鼓励他们发挥自己的想象力。

心理解读

想象是一种特殊的心理活动,是个体在参与实践活动的过程中形成并发展起来的。想象作为一种独特的心理过程,在生活中发挥着独特的作用。想象也是创造力的必要前提。通过想象,人类发明了一系列科技产品,比如电话、雷达、飞机等,这些都是在想象的基础上所创造出来的工具,给我们的生活带来许多便捷。

(一)想象的含义及类型

1. 想象的含义

想象是对已有的表象进行加工改造而创造新形象的过程。打个比方,随处可见的木棍是已经存在的事物。一个小孩捡起木棍,把它当作是一把剑而挥舞着玩耍,这就是想象。木棍是已有表象,剑是创造的新形象。小孩的想象就是如此产生的。已有表象又称为记忆表象,是曾经看到过、感知过的事物,比如当作剑的木棍、参加过的游戏活动;新形象又称为想象表象,是对看到过、感知过的事物进行想象加工,把它变成新形象的一种表象,这种想象表象可以是存在着的。比如木棍变成剑、对参加的游戏活动进行"添油加醋"的叙述,也可以是不存在的,譬如神话故事、动漫电影中的人物,如超级飞侠、《西游记》中的妖魔鬼怪等。

2. 想象的类型

想象的类型也是多种多样,依据不同的分类标准,想象也有不一样的类型。

(1)根据有无目的和意志努力,可将想象分为有意想象和无意想象

有意想象是有一定目的,并且需要付出一定的意志努力的想象。在生活中为了完成游戏活动或实现某个目标时,就需要用到有意想象。比如在上学期间,老师经常会要求幼儿闭上眼睛,想象周末去过的游乐场的情景,想象"过家家"的游戏活动等,都是有意想象。

无意想象是没有预定目的,在环境条件的刺激下,不由自主地进行想象。无意想象在日常生活中比较常见,并且是无意识地、不自主地发生的。比如幼儿看到湖面上波光粼粼的倒影会把它想象成金光闪闪的衣服,或是看到夜空中闪亮的星星,会把它想象成动物在眨眼睛等,都是无意想象。"白日梦"是常见的无意想象。婴幼儿的梦想非常丰富,梦想自己变成小鸟遨游世界,梦想自己变成白云自由飘荡,梦想自己变成小鸭子在湖里游泳等。

(2)根据想象的内容,可将想象分为再造想象和创造想象

再造想象是根据语言文字的描述,或者图形、符号的描绘,在头脑中形成关于某种事物的形象的过程。比如,婴幼儿根据绘本故事的生动描述,在脑海中想象出其中的画面情景;根据漫画中人物交流的情景,在脑海中浮现出生动的漫画情景等等。再造想象的素材都是已经存在着的,婴幼儿根据自己的经验会对这些想象进行个性化加工,会有自己的理解,再造出来的形象就会有差异。例如,阅读同样的绘本故事,但孩子们描述的情景却不一样。"一千个读者心里有一千个哈姆雷特"说的就是这个意思。

创造想象重在"创造",是独立想象、创造新形象的过程,依靠已有的知识经验或素材,创造出未曾有过的形象。例如,科学幻想画活动中,有的小朋友画出了未来城的样子,未来地下车城等,都是创造想象。创造想象的突出特点就是独特性、新颖性。很多科技发明,往往都是想象创造的结果。创造想象是创新的必经之路,它比再造想象复杂得多,也是需要付出更多努力才能实现的想象。做出重大发明创造的人,往往在婴幼儿阶段就表现出非凡的创造想象力。

(二)婴幼儿想象的发展

1.婴儿想象的发展

3岁以前,婴儿的想象发展可以分为三个阶段,分别是表象迁移阶段、表象替代阶段和想象游戏阶段。

刚出生的婴儿并没有想象力,大约是在20个月时,产生萌芽。这个时期,婴儿的想象主要表现为简单的表象迁移,就是把脑海中的表象迁移到另一场景中去,和记忆十分接近。比如孩子在阅读绘本的时候看到过大海的图片,如果日常生活遇到一片很大的积水,他们往往会把这片积水当作是大海。孩子把脑海中的大海形象应用在新的场景中,这就是表象的简单迁移。

婴儿到两岁左右,他们的想象发展到一个新的阶段,即表象替代阶段。他们会把没有的东西想象成是存在着的,或者把同样的东西赋予不同的功能,尤其是把没有生命的事物想象成有生命的(泛灵论)。在这个年龄阶段,他们对一切充满好奇,也会不断以他们自己的方式去探索、想象。例如,幼儿坐在沙发上会想象旁边有个芭比娃娃跟她一起玩,把玩具狗一会儿想象成警犬,一会儿想象成导盲犬,一会儿又想象成宠物犬,等等。

到了2岁半左右,婴儿想象发展进入了第三个阶段,即想象游戏阶段。这个阶段婴儿的想象不再局限于具体事物的形象,而是带有一定的情节,具有情景性。孩子可以运用自己的想象和成人或同伴一块儿开展象征性游戏。这种游戏可以是比较随意的想象,也可以是通过角色扮演对某一童话故事的重新演绎;孩子在游戏的过程中,可以扮演一个角色,也可以扮演不同的角色。同时,也允许和理解对方同时扮演多种角色。例如,玩熊出没的游戏,孩子可以扮演熊大,也可以扮演熊二,还可以扮演光头强。这些都表明婴儿的想象不仅更加丰富,同时也更加灵活,具有了一定的变通性,这是婴儿想象的一大发展。

2.幼儿想象的发展

3~6岁的幼儿正是上幼儿园的阶段,由于接受了比较正规的教育,其想象得到了迅速发展。该时期想象存在于幼儿参与的各项活动中,包括游戏活动、教学活动、日常生活活动等,并表现出以下几个特点:

(1)无意想象占主导地位,有意想象逐步发展。幼儿阶段,无意想象是最简单、最初步的想象方式,幼儿想象的内容不受外界环境的拘束,因此基本都是无意想象,而他们的无意想象也呈现出一些独有的特点。

首先,幼儿的无意想象是由外界刺激产生,而没有明确的目的性。就是孩子们看到了什么,就有可能由此展开想象,而不是为了想象而想象。比如,孩子们看到桌子上的圆盘,有的孩子会觉得它是天上的月亮,有的孩子却觉得它是太阳,或者他们面前呈现了一杯水,孩子们会想象小鱼游在水里的样子。这些就是没有目的、由外部环境刺激引发的无意想象。

其次,幼儿的无意想象主题很不稳定。这也是由于幼儿大脑发育不够完善造成的,就像幼儿的注意力不能长时间集中一样,他们的想象也不会一直保持在一个主题上,很容易受到外界的干扰和暗示。例如,看到小朋友玩滑滑梯,就想象自己滑的情景,结果听到旁边小朋友玩旋转木马欢快的声音,马上就想象自己乘坐时的情景。

再次,幼儿的无意想象常常受到兴趣和情绪情感的影响。经常会遇到这样一种情形,当"布偶"的身上破了一块,幼儿会皱着眉头摸摸"布偶"说:"乖,不哭,吹吹就不疼了。"这种同情的情感给予了幼儿无限想象的空间。

最后,幼儿的无意想象重在过程的体验与满足。由于想象缺乏目的性,因而幼儿在整个想象的过程中并不会觉得无趣,任凭想象自由流淌。有时候他们可能都不会记得自己说过什么、想过什么,或是重复地进行同一个动作,重要的不是最后的结果,而是这个过程让他们感到开心、舒适。

虽然无意想象在幼儿阶段占据主导地位,但随着身心的完善与发展,幼儿的有意想象也在慢慢地发展。幼儿的有意想象是在无意想象的基础之上逐渐发展起来的。在幼儿喜闻乐见的游戏过程中,他们从一开始的无意想象逐渐发展为有初步目的的想象。比如他们在体育游戏中玩跷跷板,想象自己在飞的感觉,为了体验不同的飞的感觉,他们也会变化玩法。这种有目的的变化就是有意想象在发展。此外,绘画活动最能表现出幼儿有意想象的发展状况,通过分析分享幼儿的绘画作品,可以从中了解幼儿内心的想法。

(2)再造想象占主导地位,创造想象初步发展。幼儿阶段的想象大多属于再造想象,具有很大的模仿性,想象的内容也大多是对生活情景或者已有经验的再现。这种再造想象可以分为四种:经验性想象、情境性想象、愿望性想象和拟人化想象。经验性想象就是幼儿根据自己的生活经验或者经历来想象,比如去过动物园,就会想象自己在动物园喂长颈鹿吃东西的场景;情境性想象是一种画面感较强的想象;愿望性想象主要表现在象征性游戏中,比如幼儿想象自己以后变成消防员的样子;拟人化想象就是把事物想象成人,与之对话沟通。

再造想象和创造想象是紧密相关的,再造想象的发展为创造想象的发展提供了大量的素材和坚实的基础。随着身体机能的完善和生活经验日益丰富,感知觉概括能力的进一步提升,幼儿的想象开始从依靠外界的描述转变为自己想象,他们的创造想象水平也在逐步提升。

(3)幼儿想象的夸张性。幼儿想象的夸张性主要表现为他们会将某个事物的某部分夸大,比如在幼儿的绘画作品中常常看到他们画的人物,头很大,躯体却很小;有时候鼻子很大或者耳朵大,嘴巴却很小。他们的脑海里印象最为深刻的部分,往往会用夸张的方式画出来。想象夸张的另一个典型表现是将现实和想象混淆,他们常常会把想象的情景当作是发生过的。这种情况在小班幼儿的身上比较明显,这是由于他们的感知分化发展还不是很充分,他们往往不能分辨出事物的区别。例如把科幻电影中恐龙的形象当作是真实出现在眼前,而表现出害怕的样子。加上幼儿的认识水平不足,常常会将记忆中的表现和想象的表现混淆,这就可以解释前面案例中的幼儿经常"说谎"的现象,他们会把想象自己去游乐园玩耍的情景当作是真实发生的,不过这种现象在中班大班时会改善许多。

❋ 心灵小结

1.想象是对已有的表象进行加工改造而创造新形象的过程。想象可以分为有意想象和无意想象,再造想象和创造想象。

2.婴儿的想象发展可以分为三个阶段:表象迁移阶段、表象替代阶段和想象游戏阶段。

3.幼儿的想象呈现三个趋势,无意想象占主导,有意想象初步发展;再造想象占主导,创造想象初步发展;想象夸张性突出。

4.想象夸张的另一个典型表现是将现实和想象混淆,他们常常会把想象的情景当作是发生过的,可以解释幼儿经常"说谎"现象。

二、爸爸的爸爸是爷爷——婴幼儿会推理

❋ 心理叙事

最近,张老师在教孩子们学习一首新的儿歌,叫作《家族歌》。这首儿歌主要是对家庭人物关系的一个介绍,学了这首儿歌有助于小朋友们记住家人的称呼。所以上课的时候,张老师经常和小朋友们玩对答游戏。老师问,小朋友们就回答。比如张老师问:"爸爸的爸爸叫什么?"小朋友们会齐声回答:"爸爸的爸爸叫爷爷!""爸爸的妈妈叫什么?""爸爸的妈妈叫奶奶!"如此反复,小朋友们就把这首儿歌都记得很熟了。可是有一天,张老师决定换个方式来问:"爷爷是爸爸的什么人呢?"小朋友们你看看我,我看看你,不知道怎么回答。张老师又试了几次其他类似的问题,小朋友们的回答都不太理想,张老师这才发现,小朋友们只会回答儿歌里的说法,换种形式他们就不太理解了。

还有一次发小红花的过程中,张老师在表扬小朋友们:"豪豪这次表现得不错,比上次进步不小哦。童童这次表现得比上次更乖,所以这次给豪豪一个小红花,给童童两个小红花。"豪豪听了后不开心地问:"张老师,你不是说我表现得好吗,那为什么童童就比我多一个小红花!""因为童童这一次进步特别大,老师上次答应多给他一朵,所以你要继续努力,争取下次表现得更棒,好不好?"

上述情境中,张老师误以为小朋友记住了《家族歌》之后就能正确地判断出家人的称呼,但是张老师不知道幼儿对事物的理解大多是直接具体的,他们往往听懂的都是表面的意思,而且他们的思维具有不可逆性。爸爸的爸爸是爷爷可以理解,他们也确实掌握得很熟悉,但是一旦反过来,爷爷是爸爸的什么人,他们就不知道如何回答了,因为这跟他们平时学习的儿歌内容不一样,他们也很难逆向思考两者之间的关系。实际上这属于推理中的类比推理,它在一定程度上属于归纳推理,就是对事物或者数量之间的关系以及应用的能力。实际上,3~6岁的幼儿已经具备了一定水平的类比推理,但是这种推理大多处于较低水平。因此,有时候让幼儿完全理解成人的话语是有些困难的,而且这种理解也都是十分浅显的,年龄越小就越是如此。这是幼儿推理能力的一个特点,也是幼儿思维发展的正常趋势。所以成人在与幼儿沟通的过程中,要尽量关注到孩子们的理解水平,并使用他们能够理解的语言与他们沟通。

心理解读

思维这个词,听起来很高深,似乎触不可及,但实际上却近在咫尺,存在于生活的方方面面。无论做出什么样的举措,都要思考是什么、为什么、怎么做的问题,在这个过程中,就产生了思维。思维是心理活动的核心,是衡量智力高低的重要指标。

(一)思维的含义及特征

思维是对客观事物间接的、概括性的反映,它反映的是客观事物的内在本质和联系。思维是一种高级的认识活动,是智力的核心,是在感知觉和记忆基础上发展起来的。例如,幼儿经常玩的电动小狗不走了,当看到爸爸给它换了电池后又开始走了。这个时候,幼儿就会拿起电动小狗,动手拆开电池。幼儿动手拆的行为动作背后揭示了幼儿想搞清楚电池与电动小狗会走之间的联系，这实际上就体现了幼儿思维的具体形式。

间接性和概括性是思维的两个特征，也是判断心理活动是否是思维活动的重要依据。间接性指思维反映的是客观事物的内在本质或联系，是现象背后的东西，是看不到的、听不到的、触摸不到的。比如公园里开了很多花，如果幼儿说："花的颜色很鲜艳，味道很好闻，鲜花很美丽。"这是感知觉的反映，而如果进一步说："花都开了，春天应该快到了。"这是思维的间接性反映。思维的间接性就是通过感知觉获得的各种感性信息，联合记忆中已有的知识经验来判断、思考、推测出客观事物内在的发展变化及其联系。

概括性指思维反映的是同一类事物之间的共同特征、内在本质或联系。比如经过学习，幼儿会把香蕉、苹果、梨等，统称为"水果"；把生活中见过的燕子、鸽子、麻雀、乌鸦等，统称为"鸟"；甚至懂得天气闷热的时候可能就意味着快要下雨了，这是思维概括性的反映。思维的概括性是通过感知觉获得的同类事物的各种信息，借助已有的经验来概括、整合、提炼同类事物的本质特征及其联系。

(二)思维的类型

思维的类型也是多种多样的。根据创造性和主动性的程度，可以将思维分为常规性思维和创造性思维。常规性思维指根据已有的知识经验解决实际问题。比如幼儿学会了开电动玩具车的方法，就可以将这种方法运用到其他电动玩具车中去。创造性思维需要用独特的想法去解决实际问题，比如，给幼儿一盒火柴，一根蜡烛，几个图钉，让他们思考如何把燃着的蜡烛固定在软木墙上。

根据思考问题方式的不同，可以将思维分为聚合思维和发散思维。聚合思维是将众多信息聚合在一起整体思考的一种思维形式，而发散思维则是从不同角度考虑一个问题。例如，幼儿园的同伴今天为什么没有来上学？为什么每天都要吃水果呢？这些都是训练幼儿发散思维的方法。

根据思维的形态不同，可以将思维分为动作思维、形象思维和抽象思维。动作思维是以直观的动作作为思维中介的，比如幼儿边玩沙子边思考，一旦停止玩，思考也就停止了，这是幼儿阶段的主要思维形式。形象思维是利用事物的直观形象作为思维中介的,比如在幼儿大班开展语言活动《雪地里的小画家》,就需要给幼儿提供几种动物及其爪子的直观图像,以帮助幼儿更好地理解语言故事。抽象思维是以语词作为思维中介的,主要表现为推理、判断等思维形式,这是思维的最本质特征,幼儿阶段还达不到这种思维水平。

(三)婴幼儿思维发展的特点

婴幼儿思维发展基本遵循直观行动思维、具体形象思维和抽象逻辑思维的顺序逐渐发展的,这三种思维方式随婴幼儿年龄的增长而逐步递进,在思维发展过程中,也出现了一些典型的思维特点,比如自我中心性,思维单向性等。

1.直觉行动思维占据主导地位。婴幼儿的思维大多属于直观行动思维,主要是利用直观的行动和动作来完成思考过程。比如,当婴儿发现面前的玩偶,他会反复做出伸手抓的动作来获取玩偶,这种思维是婴幼儿早期最常用的思维方式。他们通过各种直观动作来认识、探索周围环境,也就是我们常说的"边做边想",一旦动作停止,思维也就停止了。再比如,"扳指头数数"体现的也是直观动作思维。这也很好地解释了为什么婴幼儿时期最主要的活动是游戏,而非学习。

2.具体形象思维获得初步发展。随着生活经验的丰富,婴幼儿的思维渐渐发展到具体形象思维,它是直观行动思维和抽象逻辑思维之间的过渡思维,幼儿在不断实施直觉行动的过程中积累了生活世界的各种具体形象,随着大脑功能的进一步完善,婴幼儿凭借事物的形象就可以完成一些简单的思维活动。具体形象思维一般出现在3~6岁期间,进一步完善要到小学阶段。例如,如果问中大班的孩子,1个苹果加上2个苹果等于几个苹果时,他们会思考一会儿,但还是很无奈,不知道有多少个苹果,但是如果在他们的面前先摆出1个苹果,再摆出2个苹果,问他们有几个苹果时,他们会很快答出3个苹果,这就是典型的依靠具体形象来进行的数学思维活动。这也就是为什么婴幼儿的绘本都是图画为主,文字很少的缘故,而且年龄越小,绘本图画就越丰富,几乎没有多少文字。

幼儿思维的发展特点,决定了游戏活动教学和直观形象教学是幼儿园里最常见的教学方式。具体形象思维的萌芽也意味着幼儿开始从"用手思考"逐渐转变为"用脑思考",虽然这个过程比较缓慢,但思维发展已经开启了一个新的发展阶段。

3.自我中心性。由于幼儿对具体形象的认识仍然停留在事物或活动的表层或局部,导致他们在认识事物或参与游戏活动时也出现了一些比较有趣的特点。例如思维的自我中心性,自我中心性是指站在自己的角度来看待事物的一种思维现象。比如,当孩子们想要得到一个玩具的时候就会直接去抢,而不会考虑到玩具能不能拿;当玩捉迷藏的游戏时,很多宝宝躲在一个很明显的地方,用物体挡住头,他们以为这样别人就不会看见他们了,这说明宝宝的思维依旧停留在自己的身上,而不会从他人的角度来思考。

4.思维的单向性(不可逆性)。单向性是幼儿思维只能朝着一个方向思考问题,而不能反过来思考。就如前面的案例中孩子们知道爸爸的爸爸是爷爷,却没法说出爷爷是爸爸的什么人,正是由于缺少这种逆向思维的能力,他们还不能明白物质守恒的规律。如图5-1,a、b、c三个玻璃杯,其中a、b两个玻璃杯装有等量的水,把b杯中的水倒入c杯中,问a杯和c杯的水一样多吗?结果表明,幼儿还没有守恒的概念,有些幼儿认为a杯的水多,因为a杯要宽(胖)一些;而有些幼儿认为c杯的水多,因为c杯高(长)一些。

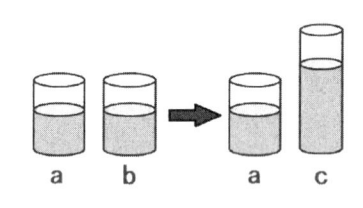

图5-1 守恒实验装置

5.泛灵论思维。思维的自我中心性使得幼儿往往从自己的角度观察世界,幼儿会以为所有的物体都和自己一样有生命,这就是泛灵论思维。例如,他们弄坏了玩具熊会给它吹一吹,告诉它不要哭,吹一吹就不疼了;给电动小狗喂面包会让它张开嘴巴大口吃。这就是孩子的内心世界,也是他们最可爱的地方。

6.抽象逻辑思维渐趋萌芽。抽象逻辑思维是思维的高级形式,一般要到幼儿晚期才会逐渐发展起来,但大多数幼儿还不具备这种思维,只有少部分发展超常的幼儿能够萌生抽象逻辑思维,主要的表现就是思维开始可逆,能够换个角度思考问题,也开始理解守恒的意义。

(四)婴幼儿思维发展的具体表现

1.概念

概念是思维的基本形式,是对客观事物的一般特征和本质特征的反映。概念通常用语词来表达,或者说语词是概念的名称。婴幼儿一开始掌握的都是一些具体的实物概念,是在接触实物的过程中掌握的。比如在生活中吃过很多水果,他们慢慢就明白了苹果、梨、香蕉等就属于"水果"这一名称;在动物园里或者电视上见过的许多动物,比如老虎、狮子、小猫、小狗,后来就知道它们都属于"动物"这个名称。到了幼儿晚期,他们才开始理解一些稍微抽象一点的概念,比如对"害怕"一词的理解就是见到大老虎。

数概念的发展是幼儿概念发展的一个重要组成部分。幼儿对数的理解和掌握主要分为四个阶段:口头数数、给物数数、按数取物、掌握数概念四个阶段。一开始幼儿只能口头上说出数字,并不理解实际含义;之后是根据具体实物来数,给5个梨就数5个梨;第三阶段是告诉幼儿一个数字5,他能够从盒子里数5个球出来;最后就是完全理解数和物的对应关系,知道数字的代表含义。一般来说,2~3岁和5~6岁是幼儿掌握数概念的两个关键期,家长和幼儿教师可以在这两个阶段多注意培养孩子对数字的理解。

2.判断

判断能力的出现和发展也是在幼儿晚期,判断可以分为直接判断和间接判断。对年龄幼小的孩子来说,主要是以直接判断为主,间接判断初步发展。因为直接判断主要是运用感知觉获得的信息做出的,而间接判断需要运用推理才能完成。幼儿的直接判断一般是基于他们在生活中直接经验的感受,比如他们看到鸟在空中飞,他们会说:"小鸟和飞机飞得一样快耶!"孩子们一开始的判断大多是反映他们的所见所闻,没有客观依据,随着年龄的增长和知识经验的丰富,他们在判断时会寻找可靠的依据,而不是简单的说"老师就是这么做的!"

3.推理

推理是思维的高级形式,常用的推理包括类比推理、归纳推理和演绎推理。对婴幼儿来说,推理算是一种高级的认知活动,在幼儿晚期才会出现一些萌芽。他们能进行简单的推理。比如,能根据袜子和脚的关系,推出手套和手具有跟袜子和脚一样的关系,但推理水平还是比较低的,主要表现在以下几个方面。

(1)概括性较差。幼儿的推理一般是依靠直接感知实物或已有的经验,他们得出的结论也都是与经验相关的。他们还不会将看到的现象推出一个结论,比如他们看到燕子身上有羽毛,麻雀身上也有羽毛,他们会说羽毛或毛,但是不会推出鸟是有羽毛的动物这一结论。

(2)逻辑性差。成人的话语系统跟小孩的话语系统是不一样的,比如大人说不许吵了,再吵就不允许看动画片了,这个时候小一点的孩子会哇哇大哭,他们会以为就是不允许看动画片了,而不会理解只要不吵还是可以看动画片的。

(3)自觉性低。幼儿的推理大多不是自发产生的,而是在成人的要求和引导下产生的,常见的现象就是"答非所问"。例如,"乖乖,鸽子会不会飞呀?""它吃虫子。"遇到这种情况,家长不必惊慌,要分析原因,耐心引导,也许此刻孩子最感兴趣的是鸽子在草丛里吃虫子的样子,而不是家长提出的问题。

❋ 心灵小结

1. 思维是一种高级的认识活动,是智力的核心,是在感知觉和记忆基础上发展起来的,具有间接性和概括性的特征。

2. 思维的类型也是多种多样。根据创造性和主动性的程度,可以将思维分为常规性思维和创造性思维;根据思考问题方式的不同,可以将思维分为聚合思维和发散思维;根据思维的形态不同,可以将思维分为动作思维、形象思维和抽象思维。

3. 幼儿的思维具有自我中心性,所以幼儿经常以自己为中心去处理一些事情,做出一些行为。

4. 对婴幼儿来说,推理算是一种高级的认知活动,在幼儿晚期才会出现一些萌芽,所以在日常生活中成人要站在幼儿的角度与幼儿进行沟通交流。

三、培养婴幼儿想象和思维的小小方法

心理叙事

很多家长会发现自己的孩子会爬会走之后开始接触更广的外部环境,尤其是当他们拿到画笔的时候就会到处涂鸦。有的家长为了防止孩子把墙面画得很脏,就直接禁止孩子接触到画笔,但是有的家长就会单独留出一面墙,让它成为专属于孩子的画画墙。细心的家长们会发现孩子很享受用画笔随便涂鸦的感觉,就算画成"四不像",他们也会咯咯咯笑个不停。那么,孩子们在画画的过程中到底在想些什么呢?

1.孩子画画时在想些什么呢

一般来说,1~2岁的孩子画画时,画出来的大多是弯曲缠绕的线,或是不规则图形。在他们的语言能力发展到一定程度时,他们会解释图画的内容,比如他们会指着一个不规则图形说这是月亮。3岁左右,他们开始有目的地画出自己想要的东西,虽然画得不像,但是在他们的眼里那就是他们想要画出来的东西,并且还能为图画配上故事。这个时候的人物画像已经出现初步的人脸结构,即有眼睛、耳朵、鼻子、嘴巴等。4岁左右,他们开始接触到更多的颜色,给作品配上鲜艳的颜色,形状轮廓也开始清晰。5岁左右他们能够画出明晰的图画,有人物和色彩,并带有一点夸张色彩。整个画画的过程就是孩子们在充分发挥想象的时刻。他们画出的每一条线都有自己独特的意义,比如要求3岁多的孩子画一只小白兔,完成后的作品,虽然在成人的眼里看来只是乱糟糟的曲线,但是他们在画的时候知道哪条线是小白兔的耳朵,哪条线是小白兔的身体,还会想到小白兔吃青草吃胡萝卜的场景,这个过程就是在想象,这个场景也是因为孩子有过类似的体验,所以在他的脑海里留下了小白兔吃草的表象,然后通过图画表现出来。他们画出来的就是他们所想的。只要成人主动关心询问,他们就会告诉你他画了什么。

因此,绘画似乎是婴幼儿的天性,只要给他们机会,他们就不会让我们失望。作为家长和教师,该如何给孩子的绘画插上想象力的翅膀呢?

首先,充分给予孩子画画的空间和自由。涂涂画画对婴幼儿来说具有天然

的吸引力,他们会不自觉地投入这项活动中去,家长和幼儿教师应该多多支持,比如准备多样的绘画工具,让孩子们体验不同作画工具的触感,提供丰富的表象题材,丰富的知识经验,足够的绘画时间,容易清洗的外套,易擦洗的墙面,有条件的可以为孩子单独准备一个绘画空间等。不能因为"脏""嫌麻烦"而打压孩子们画画的兴趣。

其次,除了物质环境的支持,我们还需要提供心理环境的支持。言语上的引导和鼓励也是孩子们发挥想象力的重要中介。众所周知,婴幼儿的模仿能力很强,他们通过模仿成人的动作来认识世界,通过模仿学习知识经验。因此,在绘画道路上,婴幼儿也是由模仿开始的。当成人做出某一个表象的示范,孩子会跟着模仿画出来,虽然一开始谈不上相似,但是在他们的眼里画出来的都是一样的。要站在孩子的角度来客观评价,要多加表扬和鼓励,在客观评价的基础上教给他们更好的方法,他们会更加乐于接受。总之,我们要为婴幼儿营造一个宽松安逸的绘画氛围,鼓励他们大胆表现,让他们在和谐的氛围中放飞光彩。

2.孩子做噩梦是在想象吗

有家长反映,自己的孩子快五岁了,最近一段时间胆子变得很小,夜里经常做噩梦,梦得满头大汗也不容易叫醒他。有时候会半夜突然坐起来哇哇大哭,也不知道是怎么回事。都说小孩子做梦也是在想象,那这种想象该如何对待呢?

一般来说,3岁以前,孩子是不会做噩梦的。他们有时候会在睡觉时微笑,那可能是个很不错的梦,如果是哭泣或是很痛苦的表情,那可能是由于饥饿或是其他不舒适的体验,这些是情绪,不是噩梦。

噩梦是一种让人很不愉快的梦,能够引起我们内心强烈的消极情绪反应,通常会引起恐惧、焦虑或悲伤。3岁以后,孩子的想象力开始飞速发展,这种想象力和创造力会让他们产生非常逼真的梦境,而他们日益丰富的情绪情感也会增加这种梦境的紧张感。前面也提到,孩子经常将想象和现实混淆,分不清哪些是现实,哪些是想象。所以在噩梦之中,他们的这种想象就更加真实,会让他们更加害怕。

噩梦是孩子成长中很正常的一部分,其产生的原因也是多种多样,可能是近期孩子接触到恐怖的电视或动画片,里面的人物形象让其害怕,这种形象会折射在孩子的梦里,被无限放大,产生恐惧;也有可能是孩子在白天遭受了打骂或惊吓,这种情绪持续出现在梦里,也造成了噩梦的产生;还有一种情况是家长为了让孩子尽快入睡,恐吓孩子说"大灰狼快来了,赶快睡觉才不会被吃掉",类似的话语非常影响孩子的睡眠质量,可能会导致孩子做噩梦。怎样才能避免这种情况呢?

首先,保证孩子在睡觉前拥有愉快的情绪。愉快稳定的情绪有助于他们的睡眠,比如播放舒缓安逸的轻音乐,也可以给他们讲睡前故事,轻轻拍打他们的肚子,哼一哼摇篮歌曲等,让孩子身心放松,很快就会进入良好的睡眠状态。

其次,睡前避免做剧烈运动或者看恐怖动画片。这些都会成为噩梦的导火索,一般睡前或者白天接触到的事物经常会重现在孩子的梦中,所以家长和教师尽量给孩子呈现积极阳光的表象,避免可怕的场景。

最后,如果真的做了噩梦,家长和教师可以抱着他,轻轻抚摸后背进行安抚,告诉他们只是个梦,等孩子安静下来,再引导孩子说说噩梦的情景,然后分析原因,并试图从积极方面重建梦境内容或结局,排解孩子紧张、焦虑、害怕的情绪,如此才能帮助幼儿逐渐摆脱噩梦,精神也会变得愉快起来。

3.别人家的孩子都会数数,为什么我的宝宝不可以

随着宝宝的月龄增长,懂得的也越来越多。很多家长喜欢教孩子数数,再大点就教认字。家长最喜欢聚在一起讨论各家的宝宝发展情况,有时候这家宝宝都会数到10了,我家的却只会说1、2、3,是不是我家宝宝数学思维能力就是比别人差呀?

家长在一起喜欢讨论孩子很正常,但是千万不能攀比。每个孩子都有自己的个性和成长规律,不同时期发展速度不同,不能以别人家的孩子来评判自己的孩子。5岁以后,幼儿进入认数关键期,这一时期对数字最为敏感。成人可以在生活中培养孩子对数字的敏感性,但不刻意强求孩子去记住数字。

例如,可以在生活中不断增加使用数字的频率,家长可以经常对孩子说数字,"给你1个勺子""我有2个苹果",在生活用语中插入数字会帮助孩子记忆,在游戏中也是如此,一个一个地拿出玩具并数玩具,孩子在潜移默化中就记住了数字用法。

此外,在讲故事的过程中也要注意使用数字概念。故事情节里有很多关于数字的信息,比如很多绘本中会特意以故事的形式教孩子数数,以提高孩子对数字的兴趣和敏感性。

在孩子成长道路上,没有比别人"差"这一说,每个孩子都是独一无二的天使,只要用心栽培,就会有累累硕果。

心理解读

孩子们的想象力具有极大的自由性和扩散性,家长和幼儿教师作为孩子生活上的陪伴者和指导者,可以通过相应的活动和措施发挥孩子的想象力。

首先,通过多样化活动,丰富婴幼儿感性知识和经验。比如参观自然博物馆、海洋馆、游乐园等,去公园踏青、去动物园玩耍,都是多样化活动。想象是创造新形象的过程,但是新形象也是根据以往的经验和表象而生成的,要想孩子具备丰富的想象力,首先就要丰富孩子脑中的知识表象。当看到的、听到的、感受到的事物越多,想象力的素材来源就越广。

其次,提供适当的游戏和玩具,丰富想象的媒介。游戏是婴幼儿最喜欢的活动形式,无论是角色游戏还是象征性游戏,对他们来说都是发挥想象的途径。玩具和游戏的材料都是能引起孩子想象的基础。经常看到很多幼儿园教师会组织孩子收集废旧物品,然后进行改造,变废为宝,改造的过程也是孩子想象的过程。比如组织孩子收集贝壳,在贝壳上作画就是一个很好的创意点。

再有,大量的绘本阅读也能丰富婴幼儿的想象。不需要看懂优美的词句,只要以绘本的形式呈现出许多故事,都能被孩子理解。或者是成人给孩子讲绘本,讲的过程中语气要此起彼伏、夸张生动,孩子在听的时候也会跟着做,感受绘本里主人公的情绪情感,想象自己在故事中的情景。有的时候也可以鼓励孩子凭借自己的想象新编故事结尾,不需要这个结尾有多么完美,只要他们想到的都可以用语言、动作或是绘画表达出来。

思维能力的发展也是有其特定的发展规律的,教师和家长可以把握这种规律并且进行有效的指导和培养。主要从以下几个方面开展:

第一,提供直观形象的材料。依据幼儿思维形象性的特点,尽可能让他们多接触外部世界,如通过参观、游览等直接接触各种实物,以促进孩子尽可能通过亲身的感受与体验去获得丰富的感性知识。孩子积累的感性知识越多、越正确,就越易形成对事物正确的认识,从而发展思维能力。

第二,让孩子有自由活动的机会。直观动作思维在婴幼儿思维发展中占据主导地位,所以成人要主动让孩子"动"起来,给予他们自由活动的机会。例如,要经常陪伴孩子一起玩耍,在玩的过程中让孩子多动手,多动脑筋,多想办法。孩子天性活泼好动,爱模仿,喜欢"打破砂锅问到底"。见到新奇的东西,就要去动一动、摸一摸、拆一拆、装一装,这些都是他们喜欢探究和旺盛求知欲的表现,也是思维发展的重要方式。家长和教师切忌禁止或随便责备他们,以免挫伤他们思维的积极性。生活中应当因势利导,鼓励他们的探索精神,主动去培养他们爱学习、爱探索和养成乐于动脑筋、想办法、勤于动手解决问题的习惯。在鼓励孩子活动的过程中也要注意安全,正确的做法是教会孩子如何积极应对危险,而不是逃避。

第三,要重视发展孩子的口头语言,培养他们的抽象思维能力。不要放过在游戏、绘本阅读、参观、散步等日常生活中跟孩子对话的机会,帮助孩子正确认识事物,掌握相应的词汇,学会正确的表达,以培养他们用规范的语言表达自己看到的、听到的、想到的。通过合理的引导,就能帮助孩子在具体形象思维发展的基础上向抽象逻辑思维转化。

心灵体验

尊重孩子的想象

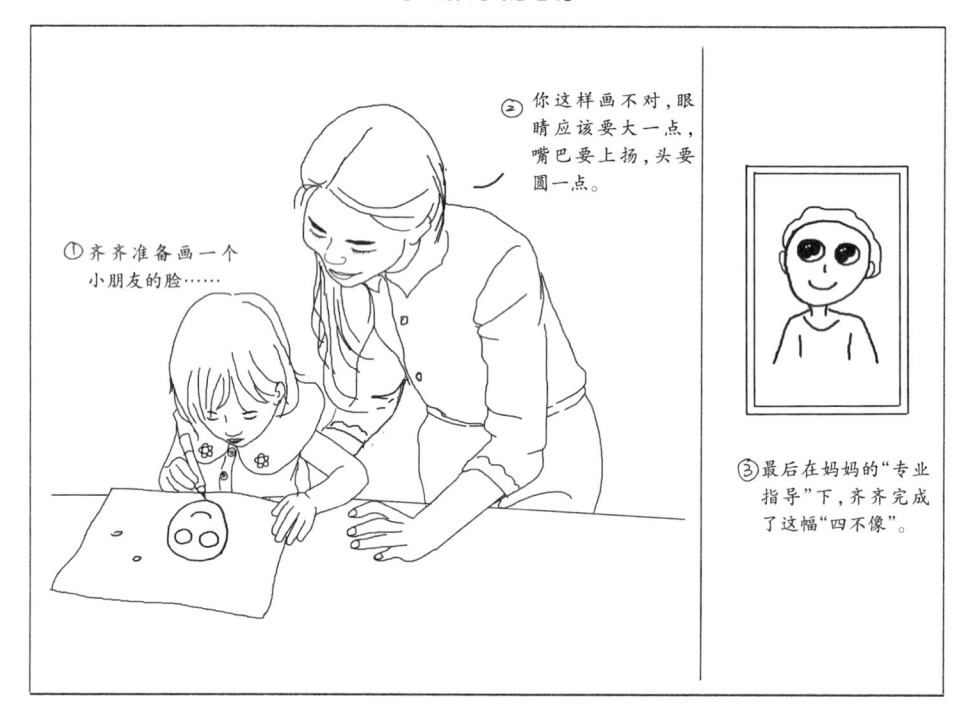

① 齐齐准备画一个小朋友的脸……

② 你这样画不对,眼睛应该要大一点,嘴巴要上扬,头要圆一点。

③ 最后在妈妈的"专业指导"下,齐齐完成了这幅"四不像"。

第六章　婴幼儿的言语

内容简介

婴幼儿的社会交往离不开言语活动,言语是用语言进行交际的过程。通过言语活动,婴幼儿与周围人互相交往、传递思想。而言语也是婴幼儿心理发展过程中最重要的内容之一,婴幼儿通过言语适应社会变化,进行社会交往,调节心理活动及行为。认识婴幼儿的言语发展过程和特点,通过有效方式促进婴幼儿言语的正常发展,对他们未来的社会生活有重大意义。

目录

一、"妈妈,喝水!"是什么意思——沟通的艺术

二、绘本——婴幼儿早期阅读的精神食粮

三、促进婴幼儿言语发展的小小策略

一、"妈妈,喝水!"是什么意思——沟通的艺术

心理叙事

下午两点半,差不多该到了——睡醒的时间了,妈妈走到床边上看到——

翻身正要睁开眼睛,这时候一一嘴巴里冒了句:"妈妈,水,喝水。"边说还边揉着眼睛,妈妈激动坏了,马上跑去装满了水杯拿给一一喝。这是一一第一次主动说出完整的喝水两个字,前段时间一一要喝水的时候还只是会指着水杯,后来妈妈教她那是"水",她慢慢也学会了说"水",现在一一突然说出了喝水,妈妈确实吓了一跳,平时也没有刻意教她说"喝水",可能是一一在听爸爸妈妈说话的时候学到了这个词语。从那以后,妈妈看到什么都要跟一一重复说几次:"这是毛巾,毛巾……,那是电视,电视……,这是玩具熊,你最喜欢的玩具熊……,你叫一一,我是妈妈,这是爸爸……"每次一一只是懵懵懂懂地听着,表面上好像没听进去妈妈的话,但是学说话的速度却很快,没过多久她又学会了很多新的词语,虽然经常说不连贯,但是妈妈还是特别开心。一一看到妈妈那么开心,就更爱说话了。

　　面对一一第一次说出"喝水"一词的情景,妈妈的反应显然是大多数家长都会有的。对父母来说,宝宝的每一次进步、每一次成长都意义深远。这一次,妈妈回应了一一的请求,为她端来水,因此强化了一一对自身言语能力的认识。她认识到自己可以通过说话来向别人表达自己的需求。此后,妈妈更加频繁地教一一运用语言说话更是强化了她对言语的认识。随着一一多次运用语言和爸爸妈妈进行互动后,她渐渐喜欢上利用语言进行沟通,并且爱上了说话。同时,我们也发现一一学习说话的速度很快,这个时候的一一就像一张白纸,能够学习的东西非常多,正是言语发展的关键期。虽然能够说出的还只是断断续续的词语,对语序的掌握也没有特别完善,但这正是大多数婴幼儿言语发展的必经过程。在孩子言语能力发展的关键时期,一一妈妈的做法是正确的,她在不断地鼓励、引导孩子使用语言,这也是一个陪伴孩子成长、培养其言语良好发展的过程。

心理解读

　　言语和思维,是婴幼儿认知发展的两个核心内容,研究两者的发展趋势和相互关系对认识婴幼儿心理及其发展具有重要意义。如前所述,思维是婴幼儿心理发展的核心内容,而言语是思维活动顺利进行必不可少的语言交流过程,在某种程度上说,言语水平的高低就决定了思维水平的高低。

(一)言语的含义及类型

说到言语,就不得不说语言,生活中常常用到言语和语言,这是两个不同的概念,而且存在不可分割的关系。

1.言语和语言

语言是个体交流信息的媒介,是由词汇按一定的语法所构成的复杂的符号系统,它包括语音系统、语汇系统和语法系统。而言语是运用语言进行交际的过程,它强调的是对语言的运用过程。语言是社会现象,而言语是心理现象,但二者相辅相成,密不可分。一方面,言语活动必须以语言为工具,它包括听、说、读、写等语言感受、理解和表达的过程,也包括说、写出来的东西。另一方面,语言是在言语交流活动过程中不断发展形成的,包括符号语言和肢体动作语言等。

2.言语的类型

根据言语活动的形式,通常把言语分为两类:一是内部言语,二是外部言语。

外部言语是指用来交流的言语,分为口头言语和书面言语两类,其中口头言语又分为对话言语、独白言语。对话言语就是两个或两个以上的人直接进行交流的言语活动。比如几个人在一起聊天、谈心、探讨等;独白言语就是自己一个人进行的言语。成人的独白言语主要表现为个人的演讲、说课等,而婴幼儿的独白言语大多是自己自顾自地说话,比如在游戏中的自言自语;书面言语就是凭借语言符号来表达自己想法的言语。它可以被长久地保存,也能突破时间、空间的限制。对婴幼儿来说,口头言语是他们主要的言语活动形式,而书面言语的发展要稍晚于口头言语。在3岁以前婴幼儿主要运用口头言语、对话言语的方式进行沟通,随着年龄的增长,他们会逐渐识字、认字、学习写字等,书面言语才慢慢发展起来。

内部言语是伴随着思维活动的出现而产生的不发出声音的言语,比如默默地思考问题、在脑海中背诵诗句等都是内部言语,但不能说内部言语就是思维,它只是思维过程中的一种特殊的语言现象,是外部言语的内化。这种内部言语不具备交流功能,只针对个体自己,又和思维相伴。

(二)言语获得的理论

言语是如何产生的,又是怎样发展的？这是很多语言学家、心理学家都想弄清楚的问题,他们从不同的角度来分析言语的产生和发展,就形成了不同的言语获得理论。

1. 模仿说

模仿说是以社会学习理论为基础提出的一种言语获得理论。该理论认为婴幼儿的言语是通过对父母的言语进行模仿而习得的。婴幼儿和父母通常会进行模仿游戏,当父母说出一个词,婴幼儿会学习模仿该词作为回应,父母会重复该词进行强化,如此反复进行,婴幼儿在这样的交流、模仿、互动中习得言语。例如,妈妈面对婴儿说出"妈妈"这个词,婴儿会模仿妈妈的口形说出"妈妈"作为回应。

2. 强化说

强化说是以操作性条件反射为基础提出的一种言语获得理论。该理论认为父母总是在鼓励婴幼儿发音、说话,来激发他们做出更多的言语活动,婴幼儿在这个过程中不断强化自身言语发展能力而获得言语。比如,当婴儿说出"房子"这个词的时候,妈妈会非常兴奋,马上就会说"乖乖,好棒啊","再说一次,给妈妈听听,好不好,妈妈非常喜欢听"等,通过不断地强化,婴儿就学会了"房子"这个词。

3. 语言获得装置理论

语言获得装置是乔姆斯基提出的一种语言获得理论,该理论认为婴儿具有一种与生俱来的语言获得装置,这一普遍存在的语言获得装置使婴儿不需要经过模仿、教导就能很容易地获得语言,进行交流。例如,婴儿说出"喝水",是因为婴儿生来就具有把"喝"与"水"联系起来的普遍语法,随着身心发展到一定阶段,婴儿就把这一内在的语言结构通过发声系统表达了出来。

婴幼儿言语获得是一个比较复杂的过程,是多种因素综合作用的结果,既有先天的生物遗传方面的,比如口腔器官的发育,也有后天环境和个人实践方面的,比如教导、强化。了解婴幼儿言语发展的影响因素及其关系,有助于更好地促进他们的言语正常发展。

(三)婴幼儿言语发展

1. 前言语阶段

婴幼儿掌握言语是一个相对漫长的过程,在他们真正掌握语言之前,有一段时间一直是在为言语的发生做准备,这个准备阶段称为前言语阶段,它又包括几个连续的阶段:

(1)6个月以前的婴儿,从发出简单的声音到发出连续的音节,并且可以用不同的声音表示不同的情绪。出生1个月后,婴儿的哭声逐渐具有了社会意义,出现了分化的哭叫声。不同原因引起的哭叫声在口舌部位、音高及声音的断续上会有一定差异,但分化仍很粗略。母亲主要还是从各种不同的线索来推断哭叫原因。如根据上次进食的时间推断出婴儿可能是饿了。

(2)7~8个月的婴儿,对有些词的声音能引起相应的反应。如果母亲抱着孩子问"爸爸在哪里"时,孩子会把头转向爸爸;说"拍拍手""摇摇头",孩子也会做出相应的动作,这种以动作来表示回答的反应最初并非是对语词本身的确切反应,而是对包括语词在内的整个情境的反应,还没有完全把语词与所在的情境区分开来。如问孩子"灯灯在哪里?"婴儿也会把头转向爸爸或妈妈的方向。

(3)10~11个月的婴儿开始懂得词的意义,能够对词的内容产生反应。词开始成为言语信号,婴儿开始了与成人的初步言语交际,开始了"咿呀学语"。这个时候,婴儿会模仿成人发出简单的音节,音调也开始有了变化。但这种言语水平还是很低的,发出的音多半没有实际的意义。1岁以后,当婴儿的言语器官逐渐发展起来后,才开始说出字、词、句等,言语才真正成为交际的工具。

言语准备是言语产生的基础。在这个过程中,家长要主动跟婴儿交流,多跟婴儿交流,把交流贯穿于生活之中,将婴儿生活的环境物品与词语联系起来,激发婴儿想表达的兴趣和需求,进而促使他们的言语器官正常发展,为后面真正的言语产生奠定良好的经验基础。

2. 言语发展阶段

1岁过后,婴儿开始真正学习说话。随后的两三年,他们会迅速掌握本民族的基本语言,言语能力飞速发展。因此,1~3岁是婴儿言语发展的关键期,也是初步掌握语言的最佳时期。3~6岁期间,幼儿言语在前一阶段的基础上进一步丰富化,进入基本掌握言语阶段。在这个阶段,幼儿逐渐学会从词到句的表达,通过词句来表达自己的需求。这些言语上的发展主要表现在语音、词汇、句法以及言语表达等方面。

(1)语音的发展

伴随着婴幼儿言语器官的成熟,感知觉及大脑的进一步发展,他们的发音能力也随之增强。

第一,婴幼儿发音的正确程度与他们的年龄密切相关。年龄越小,发音的正确率就越低。随着年龄的增长,婴幼儿的知识经验也在不断发展,外界的影响教育促使他们使用正确的发音规则,因此发音的正确率不断提高。

第二,3~4岁是语音发展的关键期。当然,发音水平在整个婴幼儿阶段都是不断向前发展的,但是也有快慢之分。对比其他年龄段,4岁这一年,幼儿语音发展进步是最为明显的。例如,有些家长会在家里悬挂字母语音图,教孩子发音,但前提是发音一定要准确,否则可能会适得其反。不过家长也不必过分担心,到了小学,老师会专门对孩子进行字母发音学习。

第三,声母容易掌握,但正确率有待提高。家长和幼儿教师会发现,幼儿在学说话的初期,虽然很多话他们会说,但是有些声母说不准确,表现最明显的是对"zh、z、ch、c、sh、s"的发音上,经常分不清相似音的区别,不能较好地发出正确读音。这跟幼儿的生理发展有关,这些音的表达需要依靠唇、舌等许多精细的器官。幼儿还不能很好地控制这些器官,不能把握正确的发音部位,因此常常不能正确发音或是弄混淆。等婴幼儿年龄稍大一些,多加练习,就能做到正确发音。

第四,幼儿发音的正确率和所处环境密切相关。外界环境确实会影响幼儿发音的正确性,比如生活在农村和城市的两个孩子,接触到的发音可能就有所不同。在农村,沟通大多是从方言开始的,城市则是从普通话开始。很多农村孩子在上幼儿园之前接触到的都是方言,入学后接受教育、参加活动、与小朋友沟通等几乎都是用普通话,因此很多农村孩子都是在上学之后才开始学习标准的普通话发音。除教育之外,家庭环境的不同也会影响发音,家长对孩子语言的重视程度也会影响幼儿的发音。

第五,具有了语音意识。从4岁左右开始,幼儿逐渐形成语音意识。语音意识就是能够意识并调节自己或他人的发音,对发音准确性有一个基本的判断。具有语音意识的幼儿会自觉主动地学习正确发音,也会关注别人的发音是否准确。比如在幼儿园中经常看到有的小朋友主动去纠正同伴的发音,或者他们会笑话、模仿别人的错误发音。当然对待自己的发音他们也会格外注意,出差错的时候他们会感到难为情、不好意思。

(2)词汇的发展

词汇是词和短语的总和。我们说出的每一句话都是由词语组成的,因此词汇的发展是言语发展的重要体现。婴幼儿词汇的发展具体表现在词汇的类别、词汇的数量以及词汇的意义变化上。

掌握词汇的类别不断扩大。词汇类别的掌握一般是从名词开始,逐渐发展到掌握动词、形容词等。婴幼儿最开始掌握的大多是日常生活相关的词汇,比如椅子、桌子、碗等生活用品,爸爸、妈妈等人称词汇,鸡、鸭、猫、狗、麻雀等动物词汇;掌握的动词也大多与人物的行为和动作相关,比如吃、喝、跑等这类动词;形容词的使用相对于前两种词类要少一些,主要是颜色词和外形特征词,比如红、黄、蓝、绿和大、小、高、低等词汇。

掌握词汇的数量迅速增加。一般来说,3~5岁期间是幼儿词汇数量飞速发展的阶段,掌握词汇的速度比其他成长阶段要快很多。幼儿晚期后,幼儿对词汇的掌握速度会降低,因此家长和教师要把握这一词汇发展关键期,帮助幼儿大量输出多样化词汇,增加积极词汇和消极词汇的频率。这里的积极词汇是指幼儿自己能够说出来并加以运用的词语,消极词汇是幼儿可以理解但是不能多加利用的词语。例如,能做、会读等属于积极词汇,而不要、不会等就是消极词汇。

词义的理解不断深入。随着年龄的增长,幼儿对词汇意义的理解也越来越准确。最初,幼儿只能理解词语表面浅层的意思,或是单方面、不全面的意思,比如说到乌龟,幼儿可能会直接联系到自己家里养的那只乌龟,后期会将乌龟这个词泛化,扩展到乌龟这个动物种类上来。例如,同伴家的乌龟、湖里的乌龟、海里的乌龟等,这是词义理解的泛化;同样地,有些词语含有多个意义,幼儿只能在成长的过程中不断把握一个词语的多种意思。

(3)语法的发展

幼儿句法结构的发展一般是从笼统句法逐步发展到复杂句法的。4岁左右的幼儿已经明显地掌握了初步的句法结构，5岁的幼儿句法结构已经逐步完善，6岁时句法结构的水平显著提高。例如，最开始是以词代句，婴儿在还未完全掌握言语结构时，常常以简单的词语来表达自己的需求，比如他想要喝水，他就会一边指着水杯的方向一边说："妈妈，水。"随着句法结构的进一步发展，幼儿能够说出稍微丰满一点的句子，比如"妈妈，要喝水""妈妈，淘淘喝水"。随着自我意识的发展，最后才会完整地表达句法结构，比如"妈妈，我要喝水"。

一般来说，婴幼儿对句子的理解要早于对句子的表述。很多家长可能有这样的体会，自己的孩子在说话之前，就已经能够理解句法的意义了。比如听到"鼻子在哪里？"孩子就会用手指向自己的鼻子或爸爸妈妈的鼻子；让孩子拿小狗玩具他们就会去拿。在这个过程中，孩子没有言语活动，只有行为动作，但这个行为动作已经表明孩子理解了父母的话语。在日积月累的话语环境中，父母的话语系统在潜移默化地影响着孩子，并且通过反复强化使他们记住很多词语。等到开始学说话的时候，这些已有经验会帮助他们更好、更快地进行言语理解与表达。

(4)口语表达的发展

随着语音、语汇、语法的不断发展，婴幼儿言语的表达能力也在不断发展。

首先，表达形式逐渐由对话言语转变为主动言语。婴儿的言语大多是从对话开始的。这些对话大多与日常生活有关，比如何时吃饭、何时睡觉的对话，或者是关于玩什么样的玩具的对话，也可以是对家长问题的回答；进入幼儿期后，已有的知识经验和话语体系足够支撑他们进行正常的言语沟通，他们开始自己提出要求，或者主动向别人介绍自己的故事和玩具，这种对话由被动转化为主动。

其次，表达的逻辑性逐渐清晰。3岁以前婴儿的口语表达基本上没有逻辑语序，也没有合理的表达规则。他们按照自己的想法来表达，并且不是很连贯。比如看到小狗跑了，他们会说："狗狗，跑。"3岁以后，婴幼儿的口语表达会越来越具有逻辑性，如看到小狗跑了，会说："看，狗狗跑了。"

最后，口语表达从情境性言语过渡到连贯性言语。情境性言语是指婴幼儿用不连贯的短句,加以手势、表情和动作的帮助来表达自己的想法。婴儿在3岁以前使用的大多是情境性言语,他们会根据自己脑海里的情景,想到什么就说什么,而不是先组织语言再说出口,主要表现就是孩子说话不连贯、大多由简短词句组成。例如,看到小狗朝自己走来,婴儿会拉着爸爸或妈妈的手,嘴里嘟囔着"狗狗""狗狗,跑",甚至用力地跺脚等,来表达想要小狗走开的想法。到了中大班,随着言语的进一步发展,幼儿口语表达就变得越来越连贯,越来越有条理。比如"小狗,快走开,不要来舔我"。

❋ 心灵小结

1. 婴幼儿的言语分为两类,即内部言语和外部言语,其中外部言语又可以分为对话言语、独白言语和书面言语。

2. 1岁前是婴儿言语发展的准备期,又称"前言语阶段",这一阶段需要家长为婴儿言语做好准备,打好言语基础。

3. 3岁前是婴儿的言语发展关键期,也是初步掌握言语的时期。3~6岁期间,幼儿言语在前一阶段的基础上进一步丰富化,言语发展更加完善。

4. 3~4岁是幼儿语音发展的关键期,家长和教师要注意发音的准确性。

二、绘本——婴幼儿早期阅读的精神食粮

❂ 心理叙事

爱丽今年六岁,最近刘老师特意观察了爱丽平时在绘本阅读过程中的表现。下面是刘老师的记录。

有一次,区域活动刚开始,爱丽和星辰等几个孩子就来到阅读区,迫不及待地拿起绘本,坐到座位上看了起来。刚开始,她一页一页地仔细翻看着,还不时地与身边的星辰交谈几句,不一会儿她就快速地翻着绘本,很快一本绘本就翻看完了。然后她拿起绘本去和星辰交换……

还有一天刘老师带着孩子们来到阅览室进行自主阅读。前几次,有些孩子

进入阅览室后,不听要求,随意换书、抢书,场面比较混乱。今天,刘老师要求他们找好一本书坐下来,安静地看完,征求老师的同意后才能换书,这下子,孩子们安静了很多。这时,爱丽手里拿着一本书走过来,问刘老师:"老师,这本书里面怎么都是灰灰的呀?"刘老师说:"是的呀,别看它都是灰灰的图案,其实里面还有个小故事呢,你想不想看?"于是,刘老师让她在身旁坐下看书。没多久,她说看完了,刘老师问:"你看懂了吗?里面讲了什么呢?"她摇摇头说:"刘老师,看不懂。"看着她渴望的眼神,刘老师就给她讲起这本有趣而特别的书《一本没有人打开的书》……

还有一次区域活动开始了,爱丽来到了阅读区,因为今天盼盼带来了一本新书《幸运的一天》。爱丽看完书后,便对盼盼说起了前段时间看过的图书《三只小猪》的故事。原来爱丽看到图书中的小猪,就联想到了以前看到的有关小猪的图书,虽然两本书的故事情节并不一样,但丝毫不妨碍爱丽产生联想。

从以上刘老师对爱丽进行的绘本阅读观察记录来看,爱丽确实是一个爱看书的孩子,但是她在看绘本的过程中偶尔会出现一些问题,比如案例中说的迅速翻完绘本,换到下一本,有些绘本即使看不懂,也能够根据已有的阅读经验对绘本进行联想。这些也是大多数幼儿在阅读绘本时经常出现的一些现象。首先,爱丽刚开始还在仔细看书,还能与同伴交流,说明她对阅读绘本是有兴趣的。后来阅读速度变得很快,甚至没有完全看完每一本书的具体内容就结束阅读,是因为她看不懂绘本的内容,感受不到这本绘本带给她的快乐,所以她选择交换图书。第二个现象也是如此,爱丽缺乏阅读的技巧,又看不懂图旁边的文字说明,只能寻求老师的帮助。这说明婴幼儿在阅读绘本的时候经常需要得到成人的指导和帮助,不论是6岁的大班孩子,还是2岁的婴儿,成人的陪伴阅读都是不可缺少的。最后,爱丽能够将自己以前看过的《三只小猪》的情景联系到现在的绘本中,说明她对以往阅读过的绘本印象深刻,并且能够在脑海里发挥自己的想象,同时她还会将她的想法和同伴分享,在这个过程中她的言语能力以及同伴交往都得到了良好的发展。

心理解读

近年来,世界范围内的幼教专家都十分关注婴幼儿的早期阅读问题,他们认为早期阅读对婴幼儿的口语表达能力以及思维发展具有重要作用。有研究也表明，如果在婴幼儿阶段不及时启蒙阅读意识，激发阅读兴趣，养成阅读习惯，孩子入学后就会有学习适应上的困难。比如不会用拇指和食指一页一页地翻书，缺乏阅读兴趣，阅读理解能力也差。因此，婴幼儿早期阅读能力的培养程度，将会影响其终身学习能力和水平。

早期阅读是指在婴幼儿阶段，以图画读物为主，以看、听、说有机结合为主要手段（不要求书写），从兴趣入手，激发婴幼儿的阅读兴趣，丰富幼儿的阅读经验、提高阅读能力。绘本，即图画书，就是"画出来的书"，指一类以绘画为主，并附有少量文字的书籍。绘本阅读不仅是讲故事，学知识，而且可以全面帮助孩子建构精神世界，培养多元智能。绘本是发达国家家庭首选的儿童读物，是公认的"最适合幼儿阅读的图书"。为了更好地激发和培养婴幼儿阅读兴趣和习惯，需要了解他们绘本阅读中出现的一些现象。

（一）有意识地主动注意图书

婴儿在出生后的几个月内，视觉能力逐渐发育完善，并且他们很早就有了注意力。因此，出现在他们可见范围的事物对他们来说都很新奇，包括父母提供的各类卡片。一般来说，婴儿比较喜欢简单明了、清晰的图形；偏爱注意对比鲜明的图案、变化的和轮廓清晰的图形；而且倾向于注视声音刺激所指示的方向，所以家长可以选择适当的图画书呈现在婴儿的眼前，丰富其视觉体验。

（二）胡乱地翻阅图书

1岁左右，婴儿开始能独立地坐在地板上用手操作玩具、认识周围环境，其中就有他们喜欢的图画书。如果把图画书放在婴儿面前，会发现他们反复地翻阅图画书，努力试图一页一页地翻，有时候会一次性翻好几页，这是因为他们的手指还不太灵活。其实翻书这个动作，不仅仅是手操作物体的一种技能表现，它同时还需要视觉和动作的配合，需要婴儿的手、眼相互协调。可见，婴儿的胡乱翻书并不"胡乱"，它一方面使婴儿渐渐熟悉图画书；另一方面，促进了婴儿小肌肉动作的发展和手眼协调能力的发展，以及动作思维的发展。

(三)撕书

撕书的动作并不意味着婴儿不爱惜书本,这只是心理发展过程中出现的一种暂时现象。一般来说,大部分的婴儿在1岁左右会出现撕书、撕纸巾的行为,实际上这个时候他们并不懂得图书对他们的意义,只是把图书当作是自己众多"玩具"中的一种,在探索的过程中偶然发现书是可以撕开的,这就激发了他们的探索兴趣。他们把撕书当作是一种游戏,而这种游戏会让他感到开心。最近几年出现了一些质地厚实、不易破坏的绘本以供婴儿阅读,也有专门的用来"撕"的绘本。无论是哪种图书,都会给他们带来良好的精神体验。同时,撕书动作也会有助于手指精细动作及其力量的发展。家长可以准备一些白纸,或者没有用的图书,满足婴儿的好奇心理。随着心理的发展,这种行为会慢慢消失。

(四)倒着拿书

细心的家长可能会发现自己孩子在看书的时候经常会把书倒过来看,这让家长哭笑不得,有时候就算纠正过来,孩子还是会继续倒着看书。为什么会出现倒着拿书看书的现象呢?原因也是多种多样,可能是婴儿的视觉接受模式和成人有所不同;也可能是刚刚接触图书,还没有倒与正的观念;抑或是适合婴儿阅读的绘本都是图画,很少有文字,而图画对他们来说多是色彩、线条的认知,并不理解图画的意义,所以倒着和正着都一样。无论是什么原因,就算孩子倒着拿书看,家长也不必过分惊慌,更不用急着帮他纠正。只要孩子能够看得下去,而且还看得津津有味,就已经发挥了绘本的启蒙作用了。

(五)看书时要求成人在旁朗读或者陪伴

婴儿在出生6个月左右会与亲人形成情感依恋,这种依恋会持续很久。婴儿对父母会十分依赖,需要父母的长期陪伴。请求父母同他们一起看书,或者只是要求大人陪在他身边,这就是依恋的一种行为表现。即使依恋对象(父亲或母亲)不和他一起看书,但只要在他身边,他就能安心地看书。这时的父母就是他们的安全基地,分享的"伙伴"和"活"的工具书(随时寻求帮助)。家长与孩子共同阅读,不仅能够增强与孩子之间的感情,稳固亲子关系,还会激发他们的阅读兴趣,提高交流意识,促进认知和言语发展。

(六)喜欢反复看同一本书

这个现象无论在家庭里还是在幼儿园里都十分常见。有些幼儿对某几本绘本十分熟悉,每一页说了哪些内容都能说出来,每次一到阅读时间他就会去找那本书,反复翻阅,乐此不疲;有些故事已经讲了很多遍,成人早已没有了兴趣,孩子却依旧听得津津有味。其实,由于幼儿的认知能力有限,很难阅读一次就能完全把握和理解故事情节。在他们的记忆中,绘本里的每个故事都是"支离破碎"的。在他们每一次看同一本书的过程中,他们所关注的兴趣点都会有所不同,比如,看第一遍时,只关注图画的色彩;第二遍时,只关注动作;第三遍时又发现了花草;等等。随着阅读次数的增加,获得的信息越来越多,理解程度也越来越深,到最后,"支离破碎"的情节就构成了一个完整的有意义的故事。由此可见,幼儿的每一次重复阅读都会给他们带来不一样的信息,不一样的体验,都会加深他们对绘本故事的理解,都会让他们兴奋不已。

(七)把故事与已有的经验相联系

幼儿在绘本中看到的某些情景、动作或语言都会引起他们对已有经验的回想。比如看到电视上有工人在建造房屋,他们会突然问道:"这个房子会和猪小弟建的房子一样牢固吗?"很显然,孩子看到了房屋,联想到了《三只小猪》绘本中猪小弟建的石头屋,只有石头屋最后挡住了大灰狼的袭击,所以在他们的心里猪小弟的房子最牢固。这就是幼儿将看到的情景与已有经验联系起来的具体表现。同样,这种类似的联想在生活中还有很多。就在这反反复复地由书到生活,由生活到书的联想过程中,幼儿的想象和思维得到发展,言语理解与表达能力也渐趋完善。

(八)看完或是听完故事后能够进行简单的复述

3岁后,幼儿的记忆力、思维力以及口语表达能力的发展都很快,他们开始能够对听过看过的事物进行简单的描述或复述,但是每个孩子的言语能力发展速度不一。有些三四岁的幼儿能够根据要求对听过的故事进行简单复述,有的还会主动讲给其他人听；但有的幼儿要到五六岁才能够复述。有些孩子，只需要听一遍，就能够把故事完完整整地复述出来；而有些孩子，即使听了很多遍，可能也只能讲个故事大概。对于这一点，家长和教师不必强求。如果孩子复述故事很吃力，不妨就稍微降低难度。比如，可以和孩子共同回忆一下故事内容，或者只讲讲故事中的某个人物、某句话、某个画面等。这同样可以提高孩子的记忆力、思维力，培养孩子的口语表达能力。

总之，在婴幼儿早期阅读过程中，会遇到各种各样的现象，家长和幼儿教师在面对这些现象时，要保持头脑清醒，多从孩子的角度去理解他们，不要盲目干预、过度干预，使孩子失去阅读的乐趣。

❋ 心灵小结

1. 绘本是发达国家家庭首选的儿童读物，是公认的"最适合幼儿阅读的图书"。

2. 早期阅读能够启蒙婴幼儿阅读意识，激发阅读兴趣，养成阅读习惯，孩子入学后表现出学习适应良好。

3. 在特定时期，撕书能够激发幼儿的探索兴趣，有助于婴幼儿手指精细动作及其力量的发展，家长无须刻意制止。

4. 家长与孩子共同阅读，能够增强与孩子之间的感情，稳固亲子关系，提高交流意识，促进孩子认知和言语发展。

三、促进婴幼儿言语发展的小小策略

❋ 心理叙事

我家的孩子已经2岁零9个月了，现在还不会说话，偶尔会叫爸爸妈妈。现在你教他说两个字的词语，他会跟着说，但发音不准。他爸爸怀疑这是自闭症，但我觉得不是，他对我很依恋，叫他看我的眼睛他会看，叫他名字偶尔理你，偶尔不理你。孩子记忆力好,拼图多拼两次就会了,在外面喜欢和小朋友玩,爱模仿小孩,喜欢玩玩具。坐、爬、走、跳、跑都很正常,身体协调性很好,但是他就是语言太差了。要东西的时候不会指物,都是拉着你的手去拿,或者拿过来放你手里。简单的指令好像也听不明白,教他认物,看绘本什么的都坐不住,现在稍微好点。我从他2岁就开始担心,心里充满各种煎熬,压得我喘不过气。我考虑要不要把他放到家附近的儿童之家或者小小班,但是又怕他不会说话受欺负,再说学校也不一定肯收他。

1.孩子言语发展缓慢怎么办

案例中这位妈妈说出了自己对孩子言语发育情况的担忧。虽然说每个孩子的言语发展都不一样,不能通过简单对比来判定孩子言语发展好坏,但是一般来说还是有一个大致的判断标准。比如,1岁左右,孩子开始说话;2岁前就能说一些简单的句子,跟成人进行简单的交流等。当孩子的言语发展状况偏离这个标准过多时,家长就应该考虑孩子言语发展缓慢的原因。从上述案例中孩子的表现来看,2岁零9个月时孩子还不会说话,已经偏离标准太多了,必须要考虑言语发展缓慢的原因了。一般来说,婴幼儿言语发展缓慢的原因有外部因素和自身发育的内部因素。外部因素常见的是疾病。孩子不说话,可能是一些病理原因造成的。目前常见的病理原因包括智力原因、听力障碍、发音器官病变、脑神经或发音器官肌肉病变、孤独症等。因为这些原因造成言语障碍的孩子,要尽快咨询专家,并到专业的医疗机构求助,早发现,早治疗。还有可能是孩子的精神受到刺激或者惊吓造成的。

从自身发育因素上来说,有些婴儿在言语发展过程中,某阶段会出现暂时的落后,医学上称为"发育性言语发育迟缓"。这样的孩子大多表现出能听懂大人说的话或部分话,比如能听懂家长的一些简单的指令性话语,如走、坐、吃等一些基本生活需求词语。孩子能听懂成人的要求并可以照着做,但就是说话较少或较晚,而且词汇量的掌握也不及同龄儿童的水平,言语表达能力、组织能力,以及理解能力也明显滞后。

上述情境中的婴儿能够听懂简单指令,走、跑、跳等行为都很正常,其言语行为表现更符合第二种情况,也就是自身的发育因素导致说话较晚。面对这种孩子言语发育较晚的情况,家长应当如何处理呢?

如果孩子确实存在言语发展迟缓,家长应在专家的指导下尽可能地消除或减少造成言语发展迟缓的原因。虽然言语干预的措施随原因不同而有差异,但有些原则却是一致的。

第一,孩子学习语言的基本途径就是模仿。面对说话较晚的孩子,家长要多和孩子说话、交流,耐心教导孩子模仿成人的语言发音,鼓励孩子敢开口,敢说话,学会用语言表达自己的要求。一定要有耐心,切忌责骂、灰心、弃之不管。

第二,创造条件促使孩子说话。比如,孩子要妈妈帮忙拿玩具时,妈妈可以附加条件,要求孩子喊妈妈,才可以帮忙。如果孩子不喊,妈妈应微笑点点头,如再不喊,妈妈仍用微笑点头以示意。最后,孩子突然喊妈妈了,就应热情地拥抱或亲吻孩子。这种通过附加条件再强化的策略,会使孩子体验到喊"妈妈"一词时所得到的疼爱,调动婴儿说话的兴趣和积极性。

第三,让孩子多接触社会和大自然。多接触社会和大自然会使孩子的生活丰富起来,眼界开阔了,见识广了,自然就有说话的意识了。如果再配合言语训练,孩子的言语能力就会相应地得到发展。

不管是哪类原因造成孩子言语发育迟缓,父母都应该牢记:你们是孩子学习说话最好的老师。因为你们有充分的时间可以与自己的孩子相处,并且给予可模仿的语言对象,而且你们也是孩子最亲的人,只有你们才能给予孩子充分战胜困难的信心,无论何时何地都要坚信,孩子通过努力是能追赶上同龄正常孩子的。

2.孩子口吃怎么办

有位家长说他家宝宝3岁多,最近发现说话有点口吃,特别是说第一个字的时候,经常卡壳,急得宝宝面红耳赤,吱哇乱叫,看着又可爱又可怜,有时候他爸爸还没心没肺地爆笑。家里大人没有口吃习惯,问过幼儿园,也没有口吃的孩子,那么宝宝的口吃是怎么回事呢?该如何办?看得出来,宝宝口吃,半天憋不出一句流利话,当妈妈的听着心里难受得抓狂。

口吃是一种常见的言语节律障碍,表现为说话时声音不自主地重复、延长或语流中断、阻滞而不流利。婴幼儿的口吃多发生在2~5岁阶段。根据临床表现主要分为三类:

发育性口吃:婴儿在2~3岁学习说话时,由于言语功能发育不成熟,掌握词汇有限,说话太过紧张,想的比说的快,就不能迅速选择词汇,造成口吃,这是言语发育的正常现象。这时,家长和幼儿教师不要指责、训斥或纠正孩子,以免加重其心理负担,而应耐心倾听孩子讲话,并带着孩子慢慢地说。随着年龄的增长,这种发育性口吃会逐渐消失。

模仿性口吃:有的幼儿会模仿说话口吃的小朋友,不自觉地成了习惯,形成口吃。这时,家长和教师应采取"忽略"的方法,不要过分惊讶,一段时间后,口吃的情形会渐渐好转。

社会性口吃:主要是孩子受到精神刺激(如家庭不和、父母离异、受到了强烈的惊吓)引起恐惧、焦虑、愤怒等紧张情绪的结果。这时,家长和教师要多给其温暖和关怀,不要提出不切实际的要求和期望,尽量减少和消除引起精神紧张的因素;消除其自卑的情绪,鼓励孩子树立信心,多接触他人,创造与他人言语交流的机会;同时进行言语训练,逐字逐句模仿,由易到难,逐渐掌握讲话流利的规律;避免嘲笑或模仿,避免惩罚或歧视,不要强行纠正,否则会使幼儿心理更紧张,口吃更为严重。

言语发展对婴幼儿的智能和个性的发展有着极其重要的意义。引导婴幼儿学说话,是一项非常艰巨细致的工作,需要父母及幼儿教师具有极大的耐心和爱心,为他们创设轻松愉快的言语环境,多与孩子进行言语交流,做他们的忠实听众。反之,如果大人过于紧张或严厉,只会让孩子情况更为严重,甚至不愿意开口说话了。

心理解读

婴幼儿的言语并不是与生俱来的,而是在社会交往过程中通过不断学习而发展起来的,如何才能更科学地培养婴幼儿言语的良好发展呢?

(一)婴儿言语发展途径

这一阶段婴儿属于言语的准备和基础发展阶段,也是言语发展的黄金期。

0~6个月:此时期的婴儿时常挥舞四肢、把玩自己的手脚。抓到玩具时,常拿来敲打,利用感觉来认识环境,也对成人的面部表情与声音很感兴趣。因此家长可以多和孩子玩"肢体游戏",搭配丰富的声音、夸张的表情对孩子说话。

在喂奶、换尿布或玩耍的过程中,大量地输入语言,或帮孩子说出他们的需求。这个阶段家长可多运用叠字词、宝宝语的技巧。例如:"布布臭臭哦,妈妈换布布喽!"等语言提升宝宝聆听的兴趣,有助于婴儿接收语言。

6~12个月:这个年纪的婴儿开始会翻身、爬行、站立、走路,也更有好奇心去主动探索环境。家长可以多帮孩子联结周围生活物品的名称,告诉孩子你正在做的事情。此时孩子也开始发展出多样化的物品操作能力,不仅会敲打,还会拉扯、翻转、丢掉和拾起,对于具有声光效果、因果关系的玩具更感兴趣,因此家长不妨利用声光玩具让孩子按压聆听声音。亦可开始培养孩子阅读,让孩子翻翻硬纸书、布书,教导书中简单的语词。或是和孩子玩躲猫猫游戏,并搭配语言输入,例如:"妈妈不见了!在哪里呢?"

1~2岁:此阶段婴儿慢慢发展出"配对"的概念,开始会把汤匙和碗、笔和笔盖等相关的东西放在一起。家长可多利用生活中的物品让孩子把玩,并教导不同物品名称。孩子也喜欢把物品叠起来,可以通过纸盒、积木让孩子进行堆积游戏,训练精细动作,过程中也可带出"叠高高""积木倒了"等语言。婴儿1岁半以后,开始出现"假扮游戏",会模仿大人做事情、假装喂娃娃吃饭等,可以带着孩子边说边做简单的家务。例如,擦桌子、丢垃圾,不仅培养了孩子的生活自理能力,还让孩子学习到了许多词汇。

2~3岁:2岁后婴儿的游戏能力更强,假扮性游戏更趋成熟,并开始萌发"建构型游戏"。在稳定的手眼协调能力下,更会操作复杂的物品。孩子会喜欢涂鸦、玩黏土或橡皮泥,或扮家家,家长可让孩子搓揉黏土或橡皮泥、捏塑简单的形状,不仅能训练手部动作,还可以在揉捏过程中输入多样化的语言。也可以利用家中的锅、碗、瓢、盆,与孩子假装做菜,互相扮演不同的角色,讲解做菜的程序与相应的内容,丰富孩子的语言及人际互动范围。

言语学习越早越好。从孩子呱呱落地开始,就可开始依照孩子的兴趣教导。通过不同游戏、儿歌或共读,丰富孩子的语言。孩子在游戏中所能获得的能力,取决于大人们陪伴的质与量,因此,家长的主动与否很大程度上影响孩子言语发展水平的高低。

(二)幼儿言语发展途径

这一阶段的幼儿大多已经开始接受幼儿园教育。在家庭教育和幼儿园教育的共同影响下,幼儿的言语发展更加丰富,口语表达更加流畅。

对家长来说,首先要做好榜样示范,积极培养幼儿学习语言的兴趣。3~4岁,由于生活环境的改变,社会交往的增多,幼儿正处于能够和他人进行言语沟通的高发时期,也是语言接受能力最好的时期。家长应当用标准语音主动与孩子交流,创造良好的言语环境,多和幼儿沟通,鼓励他们敢说、愿说、喜欢说,培养他们说普通话的兴趣。

其次要经常带孩子去书店、动物园、海洋馆等地,利用幼儿的兴趣,在玩耍的过程中认识不同事物,同时也鼓励他们和不同的对象进行对话沟通,包括动物、植物,丰富孩子的词汇,培养对话的兴趣。

再次要加强绘本阅读。除了正常的绘本阅读时间外,家长还可以在幼儿睡觉前讲绘本故事。这不仅是一种美的享受,也能够让幼儿在听故事的过程中受到绘本语言的熏陶,不知不觉中孩子就进入了梦乡。

最后是合理使用多媒体数码产品。多媒体数码产品是一把双刃剑,合理使用对孩子发展有利,过度使用则会影响孩子健康。有趣的动画片、智力游戏等媒介,合理使用,确实有利于孩子学习语言,发展思维。但如果是为了避免孩子哭闹,直接将电子产品给孩子自己操作,没有节制,导致孩子沉迷游戏、视频等无法自拔,则会影响孩子身心健康发展。这需要家长坚持适度原则,而不是放任不管。

对幼儿教师来说,幼儿在幼儿园参与的每一项活动都与言语发展密切相关。因为幼儿园的活动丰富多彩,环境适宜,每一项活动和环境创设都是经过精心设计,都是为幼儿的发展而服务的。

幼儿教师可以在日常的教学活动中,鼓励幼儿积极发言,耐心听幼儿讲述,和其他幼儿一起分享。其次有目的有计划地开展语言类游戏活动,比如儿歌接龙、你说我猜等,精心设计的语言游戏活动能够在无形中发展幼儿的口语表达能力。

此外,开展绘本分享活动。与家庭绘本分享不同的是,幼儿园的绘本分享在语言、语调、动作上可能更为生动,并且还有一大群其他幼儿,这样的氛围和分享活动给幼儿带来的言语发展是家庭绘本分享无法超越的。

最后,要创造良好的言语交流氛围。在幼儿园里,小朋友们接触到的都是同龄孩子,他们的言语系统相似,理解能力相似,能够沟通的话题更多,同伴之间的言语沟通会更加天真有趣。幼儿教师一定要创造条件,营造良好的言语交流氛围,让幼儿感受交流的乐趣。例如,小组分享绘本、两人背靠背分享绘本、教师或幼儿集体分享绘本等都有助于幼儿进行积极的言语交流。

总之,发展婴幼儿的言语表达能力,是婴幼儿自身发展的需要,也是家长和教师的责任与义务。幼儿教育工作者和家长应当提供一切可能,为孩子创造无限可能。

心灵体验

模仿结巴

第七章　婴幼儿的情绪和情感

内容简介

日常生活中,每个人都有自己的情绪,婴幼儿也不例外,只是与成人不同的是婴幼儿的情绪会更加外露。一般来说,婴幼儿从一出生就有了情绪表现,他们的喜怒哀乐直接影响着他们的行为方式以及对这个世界的适应。情绪情感是婴幼儿日后能够有效融入社会的重要手段,良好的情绪情感是他们健康成长不可或缺的重要动力。家长和幼儿教师应深入了解婴幼儿情绪情感发展的特征,同时在理解的基础上充分尊重他们情绪情感发展需求,促进身心和谐发展。

目录

一、喜怒哀乐——教你正确认识婴幼儿的情绪

二、你不可以这样做——婴幼儿高级情感的发展

三、培养婴幼儿良好情绪情感的小小途径

一、喜怒哀乐——教你正确认识婴幼儿的情绪

心理叙事

安安今年3岁半了,半年前就开始上幼儿园。这半年来安安一直都比较乖

巧，活泼开朗，和其他小朋友玩得都很不错。可最近安安的情绪表现和之前不太一样。比如在某一天的晨间游戏上，安安很早就到了活动室，她一个人先去了她平时最爱的游戏区玩雪花片，过了一会儿，来活动室的小朋友越来越多了，大家都在独自玩自己喜欢的玩具。这时候只见安安和另外一个一起玩雪花片的小朋友发生了争执，安安大喊着："这是我先拿到的雪花片，就应该是我玩，你不可以抢我的！"边说着边大哭了起来，老师过去稳定了两个孩子的情绪，安安嘴里还是不停嘟囔着："明明就是我先玩的，贝贝就是不可以抢我的……"老师哄了一会儿，安安的情绪才逐渐恢复平静。还有一次在午餐期间，丁丁坐在安安的旁边，丁丁不小心将吐出来的肉骨头吐到了安安的旁边，安安马上就不高兴，眉头一皱，对着丁丁说："丁丁，你的骨头吐到我这边来啦！"丁丁见状也不好意思地跟安安道了歉，安安也很快原谅了他。安安的妈妈也向老师反映最近安安在家的情绪有些反常，比如不让别人随意碰她的玩具，晚上不给她吃糖就会大哭大闹，有些需求没得到满足也会生气，但是过不了多久她又忘了那些事儿自己玩自己的去了。安安妈妈也不知道是怎么回事，也不知道该怎么安抚安安的情绪。

　　从上面故事中，可以看出最近安安的情绪不太稳定，容易发脾气，但也能看出安安的情绪恢复得很快。其实这是幼儿时期正常的情绪表现，安安的情况正反映了幼儿典型的情绪特征：第一，不稳定性。幼儿期的情绪其实是很不稳定的，情绪起落大，主要表现为短时间内情绪的相互转换。比如上述案例中安安因为妈妈没能满足她的要求就生气，但是过一会儿又忘记生气的事自己玩自己的。这种不稳定性在婴儿阶段最为频繁，而到了5~6岁时就慢慢趋于稳定。第二，易冲动性。幼儿的脑部还未完全发育好，因此对于情绪的表达往往直接且比较强烈，年龄越小，这种强烈冲动表现就越发明显，但随着年龄的增长，幼儿控制情绪的能力也会越来越好。第三，外露性。幼儿表达情绪是十分明显的，不开心就直接表现出不开心的表情，生气时也是直接表现出皱眉头的模样，高兴的时候直接表现出咧嘴笑的样子，因此从幼儿的表情就可以了解他们内心的情绪。在合理的引导下，随着幼儿对情绪的理解，他们也会逐渐掌握调控情绪的方法。

综上，幼儿的情绪具有不稳定性、易冲动性以及外露性三个特征，这些情绪特征随着幼儿年龄的增长会有所减弱，因此家长和幼儿教师应当掌握幼儿阶段的情绪发展特征，理解幼儿一些情绪反常背后的原因，才能采取合理措施，促进幼儿情绪的发展。

心理解读

情绪是人对客观事物是否符合自己需要而产生的内心体验，是人脑对客观事物和主体需求之间关系的反应，主要与个体基本需求欲望是否满足有关。情绪主要包括情绪体验、情绪行为和情绪唤醒三种成分，这三个部分同时发生，构成了一个完整的情绪过程。婴儿在刚来到世界时，就有了初步的情绪体验，比如婴儿刚出生几天的啼哭和四肢划动，都能称作为原始的情绪反应，随着婴儿逐渐长大，情绪也变得更加多样化，例如生气、愤怒、害羞、开心等。成年以后，情绪就会变得更加复杂。一般来说，积极的情绪能够提高婴幼儿的行动能力，而消极的情绪则会降低他们的行动能力。因此，了解和学习婴幼儿情绪的基本发展特点，也是幼儿教师和家长应当做好的功课之一。

（一）情绪产生的基本观点

一般来说，情绪的产生有以下几种观点。

第一，情绪和人的机体生理变化直接相关，外在的生理活动对情绪产生起着重要作用。也就是说当孩子哭的时候，会感到忧伤，忧伤这种情绪就产生了；当孩子发抖时，会感受到怕，害怕的情绪就产生了；当孩子被骂时，感到生气，生气的情绪也随之产生。这些都是身体动作产生情绪的具体表现。

第二，情绪来源于对情境的认知评价，情境不同，则情绪反应也不同。举例来说：当孩子在森林中看到狗熊会产生恐惧的情绪，但是在动物园中看到被关在笼子里的狗熊却不会产生太大恐惧，这就是人在对情境认知评定后，大脑兴奋产生的情绪过程。也就是说，人在不同的情境中，面对同一事物会有不同的情绪反应。

第三，情绪是一种独立的心理过程，情绪有着自己独立的工作方式，对人的心理活动也产生着重要作用。例如，婴儿刚出生时就具有五大情绪，分别是微笑、兴趣、厌恶、痛苦和惊奇,一个月至一个半月时,婴儿出现社会性微笑。比如家长会发现孩子在睡梦中突然咧嘴笑,或是看着家长时露出微笑的样子,这时的微笑是无意识的初步微笑;3~4个月时,婴儿会出现愤怒、悲伤的情绪。例如,当婴儿肚子饿或是尿布潮湿时,会让他感到身体不适,因此愤怒、悲伤的情绪就突显出来;5~7个月会出现害怕的情绪,这个时候婴儿开始和父母形成依恋,即所谓的"孩子认生",婴儿在这一阶段熟悉了母亲的照顾,与母亲关系更为亲密,对其他不熟悉的陌生人会产生惧怕、躲避他人怀抱的情况,这都属于正常现象。6~8个月时,婴儿会出现害羞的情绪。例如,当有人逗孩子笑时,孩子有时候会表现出大笑并躲在妈妈怀里的动作,即害羞的情绪;6~12个月时,婴儿开始陆续出现依恋、伤心、恐惧等情绪。

(二)婴幼儿的基本情绪

1.快乐

快乐是人类的基本情绪之一,可以通过笑直接表达出来。对婴幼儿来说,不同成长阶段会出现不同的笑的方式,婴幼儿也是通过"笑"来和成人进行初步的沟通和互动的。一般来说,聪明的孩子对外界事物发笑的年龄比一般儿童要早,发笑的次数也更多。因此积极意义上的"笑"能够初步判断出婴幼儿早期心理发展的状况。

婴儿最初的快乐即社会性微笑(出生一个月之内),这种微笑是自发性的,又称为是内源性的。一般情况下,女婴的自发性微笑次数会比男婴多,而孩子在睡觉时这种微笑出现频率更高。当然其他情况下也会出现这种微笑,例如当成人发出各种声音逗婴儿笑时,婴儿受到外在刺激会露出这种自发性微笑。婴儿月龄较小时,能够看到听到外界的事物,一切声音人像对他们来说都是很新奇的,因此他们看到人脸或听到声音时会微笑,到五六个月时,婴儿出现对熟悉和陌生的感应,例如看到熟悉的人或听到熟悉的声音会露出更为夸张轻松的微笑,看到陌生人或听到陌生的声音则更多出现抿嘴一笑。到这个时候,真正意义上的社会性微笑才算发展得较为成熟了。

对婴幼儿来说,快乐的源泉是来自多个方面的。例如收到新玩具时,与同伴玩游戏时、看动画片时,幼儿都能从中得到快乐。在这些快乐情绪中,婴幼儿积极乐观的性格也逐渐培养起来,因此,在和孩子相处时,应当尽量保持积极乐观的情绪,避免消极情绪。

2.悲伤

婴幼儿悲伤的情绪多用哭来表达。虽然"哭"的本身并不是情绪,仅仅是一种情绪的表达方式,但这往往意味着消极情绪的到来。当然,"哭"并不等同于悲伤,哭也可以是生气的表达方式,也会有喜极而泣的情况,但是对婴幼儿来说,哭就是悲伤的最直接表达方式。

婴儿出生时会啼哭,因为他刚刚来到这个世界,对外界环境的一切感知都很陌生,啼哭也是生理上最直接的反应。婴儿出生后的前几个星期,啼哭的原因主要来源于以下几种:感到饥饿、身体不舒服、受到惊吓等。待婴儿逐渐长大成幼儿时,哭的原因就更广泛了。比如失去心爱的玩具,与同伴发生争执,自己的诉求没有得到满足等。当孩子通过哭来表达情绪时,家长和幼儿教师们也要学会判断孩子哭泣的原因,才能采取具有针对性的措施,安慰他们悲伤的情绪。

3.依恋

依恋是婴儿寻求并企图保持与另一个人亲密身体联系的一种情感倾向,主要产生于婴幼儿和其主要抚养者之间的一种积极的、强烈持久的情感联系,大多表现为婴幼儿和母亲之间的感情联结。依恋在生活中具体表现为婴儿对母亲的注视,对着母亲微笑、啼哭、寻求母亲怀抱等行为。依恋会在整个生命发展过程中持续进行,但在婴幼儿生命的第一年里,依恋的健康发展对他们大脑的发育是十分重要的。依恋发展存在一个关键期,尤其是在0~2岁期间形成安全型依恋对婴幼儿情感发展来说是至关重要的一步。

通过"陌生情境实验",发现婴儿的依恋主要分为以下几种类型:

第一,安全型依恋。当妈妈陪在婴儿的身边时,他们会充满安全感,能够在一个完全陌生的环境里尽情玩耍,也会和陌生人交流;当妈妈离开现场时,他们的行为会明显受到影响,表现出不安并迫切想找回妈妈。

第二,反抗型依恋。当妈妈离开现场时,婴儿会表现得惊恐不安,哭闹不止,当妈妈回来时他们会迫切寻求妈妈的怀抱,但同时又会拒绝怀抱,以生气发怒的方式来表达不满;即使妈妈仍然在旁边守候,他们还是觉得不安,不能尽情玩耍。

第三,回避型依恋。妈妈在现场或不在现场影响都不大,婴儿总是自己玩自己的,对妈妈不予理睬,这一类型的幼儿未能与母亲形成亲子依恋关系。

以上三种亲子依恋关系中,第一种安全型依恋是最为积极乐观的,后两种为非安全型依恋,则是偏向消极的、不良的依恋。非安全型依恋的孩子在一岁后会逐渐表现出退缩行为,习惯依赖亲近的人,不愿意过多接触社会,日后的社交性活动也会受到影响。而安全型依恋的孩子会表现得乐观开朗,愿意主动与同伴或成人开展社交活动,能够主动探索新事物,因此在同伴交往过程中很受其他小朋友的欢迎。这样的性格一旦养成,成年后的他们也能够更加自如地应对生活压力,积极面对生活。

4.愤怒

愤怒是指当人们的愿望不能够实现或有目的的行动受到挫折时而引起的一种紧张且不愉快的情绪。现代社会中,愤怒也表现在对社会现象以及他人遭遇甚至与自己无关事项的极度反感。婴幼儿的愤怒情绪多见于第一种情况。通常当婴幼儿的自由受到限制或强烈的愿望不能实现时容易产生愤怒的情绪,例如儿童乐园的孩子在一起争吵抢夺玩具,愤怒的情绪驱使他们打架;爸爸承诺周末带孩子去海洋公园玩,却因为加班没有按时履行诺言,孩子就会"撒泼打滚",怎么哄都不听;孩子在专心致志地玩游戏时突然被别人打断也会让孩子突然暴怒。以上几种都是家长和幼儿教师在生活中很常见的情况。由于年幼的孩子心智还不够成熟,没有足够的能力去处理控制自己愤怒的情绪,因此当孩子愤怒时会直接爆发出来,采取摔东西、大哭大叫等行为来发泄心中的怒气,家长不能理解孩子的情绪,认为孩子是无理取闹,常常会采取错误的方式对待孩子的愤怒情绪,例如吓唬孩子说"再吵就把你丢到外面让大灰狼把你叼走",或是"只要你不吵,我就给你买好玩的玩具",更有"你真是个不听话的孩子,没人会喜欢爱生气的小朋友"等,这类话语相信是很多家长惯用的做法,但殊不知正是这些话伤害到孩子的自尊心,让孩子缺失安全感,更可能学会以哭闹的方式索要心爱之物,造成了适得其反的效果。

当孩子处于愤怒情绪时,家长和幼儿教师首先要以正确的态度对待他们的情绪,不能拒绝和否定他们情绪的宣泄,而是应当认同孩子的情绪,了解孩子生气的原因,并且和孩子一起分析为什么会生气,找到解决的办法。等孩子情绪稳定下来,再指导孩子如何正确表达自己的情绪。当孩子愤怒不满的情绪不能得到适当表达,他们就会转向其他方式发泄。家长可以引导他们画出、唱出自己的愤怒,以轻松舒缓的方式表达,切记不能因为孩子的哭闹而惩罚孩子,因为发泄情绪并没有错,只是他们还没学会正确的表达方式。

总之,家长和幼儿教师是婴幼儿人生路上的引导者和陪伴者,作为成人,能够做的就是陪伴孩子一起成长,使孩子拥有强大的内心,健康的情绪情感。

拓展阅读

第二次世界大战后,德国出现了许多孤儿。德国政府把这些孤儿收容到一起,为他们提供了很好的生活和教育条件,包括一流的设施、优秀的老师和医生,希望给这些失去亲人的小孩提供最好的成长环境。然而,与这一良好愿望相反,这些孩子胆小、焦虑、多病,而且发育迟缓,死亡率高,其身心发展水平还远不如那些物质条件不足但父母双全的孩子。为什么会出现这种情况呢?政府对此百思不得其解,经过反复比较,终于发现:因为这些孩子缺少父母之爱!他们给这种情况起名为"设施病",意为孩子们缺少比设施更重要的东西——母爱。后来政府采取一些办法,如增加护士,多与孩子接触,并经常爱抚他们,发现死亡率和患病率有所降低。还有研究发现,如果婴儿时期剥夺了孩子的情绪,得不到父母和成人的关爱,还会抑制生长素的分泌而导致"情感剥夺性身材矮小"。可见,情绪情感作为婴儿适应生存的重要心理工具,对婴儿的生长发育和个性形成起着十分重要的作用。

摘引自:《婴儿心理与教育》

❈ 心灵小结

1. 婴幼儿的情绪具有不稳定性、易冲动性、外露性三个特征。

2. 婴儿在出生一个月以内,会出现最初的自发性微笑,一般情况下,女婴笑的次数比男婴要高一些。

3.婴幼儿的基本情绪包括快乐、悲伤、依恋和愤怒。

4.当孩子处于愤怒情绪时,家长和教师应当表示认同和理解,并帮助他们正确表达情绪,切记不可责骂、惩罚孩子。

二、你不可以这样做——婴幼儿情感的发展

心理叙事

妈妈发现桃桃最近正义感十足,为什么这么说呢?一天早上,爸爸急着去上班,但是忘记了一个重要文件在哪里,于是在房间里翻找文件,不小心把房间弄得很乱,桃桃看见了,就冲着爸爸说:"爸爸,你不可以把房间弄得这么乱,老师说了,人人都要爱干净,生活才会有乐趣!"爸爸看着桃桃一本正经的模样忍不住笑了出来,赶紧一边收拾东西一边对桃桃说道:"桃桃教训得对,爸爸不小心弄乱了房间,谢谢桃桃的提醒哦。"桃桃语重心长地说:"没关系,老师说了知错能改就是好孩子,爸爸是个好孩子。"这下可把爸爸妈妈都逗乐了。

还有一次周末,爸爸妈妈都不在家,奶奶带着桃桃去超市买菜,从超市出来要过一条很长的斑马线,红灯时间有90秒,还剩下10秒的时候,奶奶见两边都没什么车了,就准备牵着桃桃过马路,桃桃一把拉住奶奶说:"奶奶不可以过去,红灯停绿灯行,黄灯亮了等一等,我们还没到绿灯呢,闯红灯警察叔叔看见了会不高兴的。"等她说完了绿灯早就亮啦,奶奶笑着牵着桃桃的手继续往前走并说道:"下次奶奶一定注意!"

这样的情况还有很多,比如付钱的时候要排队,不可以插队;玩玩具的时候要记得温柔一点,不可以搞破坏;吃饭的时候不可以浪费粮食,农民伯伯很辛苦的……正是有了桃桃的"监督",一家人都过上了有乐趣的生活。

从上面桃桃的表现来看,确实是一个"正义感"十足的小卫士,故事中的桃桃会把自己在幼儿园学到的规矩带回家里,并要求家人都要做到,这样才是"好孩子"的表现,真的很乖巧。其实这也表现出桃桃的道德感发展良好,3~4岁的幼儿在接受了幼儿园的教育之后,很明显地掌握了一些概括化的道德准则,具

备了一定的道德判断能力,并形成了初步的道德意识。例如上面的排队买单、按照红绿灯指示过马路等情况,他们能够在自己的行动中谨记要遵循老师的要求,不仅如此,他们还会要求身边的人都应该这么做。幼儿的道德认知主要指幼儿对是非、善恶、美丑行为准则及其执行意义的认识,包括道德准则的掌握、道德判断力的发展以及道德信念(道德意识)的形成。

总的来说,婴幼儿在情绪发展的基础上,其情感也在不断发展,表现比较突出的就是道德感,但这个时期的道德感并不是十分深刻,存在对规则的绝对服从和对道德行为好坏的直观判断。他们的道德认识大多时候都是在与成人的交往过程中模仿成人的道德行为或是看有关的动画片而形成的,这一阶段的道德感大多属于服从,还缺乏对道德感的深切体验和辩证的分析。

心理解读

情感是人们对客观事物是否满足自己的需要而产生的态度体验,是态度的重要构成部分。与情绪相比,情感更倾向于社会需求欲望上的态度体验。婴幼儿良好的情感发展对他们身心发展具有重要作用。婴幼儿通过与亲人的情感沟通来适应所处的生活环境,促进身心健康发展。积极的情感能够直接驱使婴幼儿做出某种行为,并指导、调控他们的行为,良好的情感同样对婴幼儿自我意识的形成和发展起着重要作用。婴幼儿阶段是高级情感发展的关键期,也是"正义感"突显的敏感期。

(一)情感类型

1.道德感

道德感是对自己或别人的言行举止是否符合社会道德准则而引起的情感体验。道德感是品德结构的重要组成部分,对婴幼儿的行为认知有着巨大的推动调节作用。在入园前,婴儿只会产生一些道德感的萌芽,进入幼儿园参加集体活动以后,才开始逐渐熟悉各种行为规范,道德感也渐渐发展起来。他们开始分清什么该做什么不该做,听到表扬夸奖时他们会感到满足,听到批评时,他们会觉得不好意思很难为情等等。当幼儿自身的行为符合道德行为准则时,他们内心会感到欣喜、自豪和满足。例如中班幼儿最常出现的就是"告状"行为,中班幼儿教师在活动室每天听到得最多的话就是"老师,XXX踢了我一脚,XXX又在抠墙上的小红花"。虽然这种道德意识多依靠成人的评价而形成,但在他们的头脑里已经有了对与错的区别。总的来说,婴幼儿阶段的道德感不是十分强烈,仍然需要家长和教师的正确引导。

2. 理智感

理智感是人们在认识活动中产生的情感体验,是人们学习科学文化知识、掌握和理解事物的重要动力。它与人的求知欲、好奇心、解决问题的需要是否得到满足相关。理智感能够激励婴幼儿保持学习的积极性和主动性,对他们认识世界和社会交往具有重要作用。对婴幼儿来说,理智感的产生主要是受环境的影响以及成人对他们的教育。幼儿园一日常规活动中有很多体现幼儿理智感的情况,比如一个幼儿当了一天的值日生并且将工作完成得很好时,便会感到自豪和兴奋,希望受到老师和其他同伴的赞扬。他们对世界也充满好奇,因为生活环境中还有许多他们不认识、不了解的事物,幼儿在小班阶段喜欢问这是什么,那是什么;到了中班大班他们会问这个怎么样,为什么那样;他们的脑子里每天都会蹦出十万个为什么;当家长和老师回答了他们的问题,他们会十分开心。有时候家长会抱怨孩子的问题五花八门,提出的问题经常回答不上来,其实家长可以从孩子的"世界观"来通俗易懂地回答他们的问题,实在不知道的当然也要大方承认,等过后查出答案后再和孩子探讨。类似于"你这孩子怎么这么多问题,整天问都烦死了"这样的话最好不要说,这不仅会削弱孩子探索世界的好奇心,也可能会拉远孩子和父母的心理距离,影响亲子关系。作为家长和教师,应当保护好孩子的好奇心,鼓励孩子去探索、去求知,发展孩子的理智感和求知欲。

3. 美感

美感是人们根据一定的审美标准对客观事物、艺术作品或者人的道德行为进行审美评价时所产生的一种情感体验。它是一种对外界事物进行评价时所产生的一种肯定的、愉悦的情感,但同时也表现为对不美好事物的不满和反感。例如幼儿园绘画课中通过评价每个小朋友的绘画,幼儿学会了欣赏颜色美、构图美,并且学会如何客观恰当地评价所看到事物的美。听到不和谐的声音时会捂住耳朵皱眉头觉得很吵,这也表现出幼儿对和谐美的一种惯性感受。生活中,几乎所有的幼儿在接触到彩色画笔时会更偏爱大红色,他们更喜欢色彩鲜艳、画面感很强的图片,听到愉悦动感的乐曲时,孩子也会不自觉得跟随音乐一起摆动肢体。婴幼儿对美的感受是一个逐步发展的过程,他们在成长的过程中渐渐学会从各种具体事物之间的关系上体验美感。美感能够丰富婴幼儿的精神生活,也能陶冶他们的审美意识和情操,是婴幼儿生活中不可或缺的组成部分。

总之,婴幼儿的高级情感首先受到他们自身发展水平的制约,此外还要受到生物遗传、家庭环境、幼儿园和社会环境等因素的影响,因此迫切需要幼儿教师和家长能够有意识地培育婴幼儿的情感,注重他们情感的积极发展,为他们日后良好个性的养成奠定基础。

(二)婴幼儿情感的发展

1.情感种类由单一到丰富

婴幼儿的情感体验随着年龄的增长渐趋完善。刚出生的婴儿只有几种情绪,例如哭、笑、恐惧等,随着年龄的增加,婴儿的活动范围不断扩大,婴儿接触的对象从成人到同伴,开始有了更加多样化的情感体验。当然婴幼儿情感的发展与他们的认识能力水平是密切相关的,认识水平越高,情感体验就越丰富。比如婴儿在7个月大的时候可以对成人的微笑进行回应,但他们不能理解什么是同情;当他们尿床的时候也不会体验到什么是"难为情"。随着年龄的增长,认识水平的提高,尤其是进入幼儿园学习之后,他们才逐渐感受到同情、窘迫、友谊这样的情感。

2.情感发生由表层到深刻

情感发生由表层到深刻是指情感的发生由外在原因转化为内部原因。最初,婴幼儿生气大多数是因为受到外界环境的不良影响或是自身生理方面的不舒适。例如,肚子饿或尿床。到了2岁时,他们生气的原因是不愿意做成人要求做的事,比如好好吃饭、按时上厕所、认真阅读、按时睡觉等。到了大班的时候,他们生气的原因就转向内部的人际关系上,如昨天小明跟我玩了,今天跟小红玩了,不跟我玩了。幼儿会因为受到同伴或老师的冷落而自发生气,从最初浅层次的生理性引发的情感发展到后来深层次的由人际关系引发的高级情感,虽然高级情感发展水平较浅,但在进入小学教育阶段后仍然会继续发展完善。

3.情感表达由外显到内藏

婴幼儿的情绪情感是在与人的交往中逐渐发展起来的。最初的情感具有爆发性、即时性。当他们难过时就要大声哭出来,开心时就会哈哈大笑,受到委屈时就要噘着嘴巴,他们的一切情绪情感几乎都展现在面部表情上,因此我们常说孩子是最单纯的,让人一眼就能看懂,这就是所谓情感表达的外显性;随着年龄增大,成人会教育孩子学会控制自己的情绪,不能不分场合想哭就哭,接受到来自外界的道德约束和教育后,婴幼儿才渐渐学会控制情绪,情感表达也就内藏了许多。学会控制和表达情绪情感是婴幼儿成长的必经之路,也是家长和幼儿教师应当教孩子学会的课程之一。

(三)情绪情感的引导

情绪情感是婴幼儿心理发展的重要内容,良好的情绪情感是他们快乐成长的基础和保障。日常生活中,怎样培养婴幼儿良好的情绪情感呢?

1.创建舒适的生活情境

良好的生活情境是婴幼儿积极情绪情感发展最基本的条件。因为对孩子来说,他们的活动范围大多时候就是他们生活的地方,而生活情境就是培养他们情绪情感的土壤。婴幼儿所处的生活情境会对他们的情绪情感产生潜移默化的影响。婴幼儿的生活情境既包括物质情境,也包括心理情境。

物质情境是指舒适的生活设施,宽敞的活动空间,有序的室内布置,丰富有趣的挂饰等,都能让孩子身心愉悦。心理环境是指婴幼儿身边的人际关系,如父母之间的关系,亲子关系,幼儿与老师、同伴的关系等。良好和谐的家庭关系能让孩子成长在有爱意的环境里,感受到安全、舒适和关爱。婴幼儿需要的关爱主要来自爸爸妈妈,缺了任何一方,其身心发展就会受到影响。如果父母经常吵架打闹、相互讨厌,对孩子的心理健康发展,尤其是情绪情感,都是弊大于利。由于婴幼儿各方面模仿能力很强,成人不经意间说过的话和展现的情绪情感都可能会被他们效仿。当父母不良的情绪情感通过肢体行为和言语攻击表现出来时,一旦被孩子学会,就极有可能以同样的方式对待父母,老师和同伴,从而影响幼儿的情绪情感的正常发展以及社会交往。

2.制定合理的生活常规

合理的生活常规,包括家庭生活常规和幼儿园一日生活常规,有利于婴幼儿身体健康和良好行为习惯的养成,更有助于他们情绪情感的健康发展,还可以促进他们和同伴交往。在合理常规活动和交往中,婴幼儿会体验到成功与快乐。例如在婴儿学会独立行走以前,可以带他们到环境优美的地方,可以让他们听优美的音乐等。1岁后,可以安排一些他们力所能及的活动,并说好活动规则。例如看绘本、跳舞、玩玩具、听儿歌、到动物园、去游乐场等,每次时间不要太长;所有用过玩过的东西都要爱护、放置归位、按时作息、做事认真等。在活动和交往过程中,成人要随时关注婴幼儿的肢体行为和面部表情,借此判断他们的情绪情感,做到适可而止;此外,还需要跟孩子多沟通、多鼓励、多赞扬、多分享,碰了别人的东西要说对不起,用别人的东西要征求别人的意见等,让孩子体验活动和交往的成功与乐趣,养成生活规则和制度意识,从而使他们保持身心愉悦,帮助他们在活动和交往中健康成长。

3.文学艺术作品熏陶

文学艺术作品是人们在日常生活中总结出来的文化精品,具有浓厚的艺术熏陶感染力,如果将婴幼儿长期置于优秀的文学艺术熏陶之中,能够培养他们对美的感受、欣赏和评价,激发他们的美感体验,以及对美好生活的向往和想象,从而在生活中也会表现类似的美的行为。例如通过欣赏优秀的绘本故事《我爸爸》,能够激发孩子对爸爸的喜爱,增加他们对爸爸的了解,深化亲情体验,进而促进亲子关系乃至其他社会关系的良好发展。通过分享《勇敢的消防员叔叔》的故事,让婴幼儿感受到消防员工作的重要与辛苦,进而产生敬佩、崇拜与爱慕之情,高级情感得以在文学艺术作品中健康发展。

婴幼儿从优秀文学艺术作品体验到的情绪情感犹如星星之火,会慢慢迁移到其他情境和社会交往中。因此家长和幼儿教师可以挑选优质的绘本陪伴婴幼儿阅读,并引导他们体会绘本中的人物展现出的情绪情感及其表达方式,采用角色扮演的方法,让他们深入体会和体验,加深对人物情绪情感的理解与表达,帮助他们学会控制情绪情感的方法,养成良好的情绪情感。

> **拓展阅读**
>
> **幼儿绘画中色彩的情感表现**
>
> 绘画是一种复杂的精神活动，是幼儿最直接、最自由表达自己情感的一种方式。幼儿通过绘画，可以充分表达自己的内心情感，愿望和幻想。而绘画中的色彩一直以来被认为与人的情感有着最密切的关系。因此，我们可以通过幼儿绘画中色彩使用的种类、明暗、纯度等情况，来了解幼儿作画时的情绪和所要表达的情感。
>
> 幼儿在不同年龄阶段运用色彩的情况有所差别。4岁幼儿对色彩的情感体验比较泛化，不能区别对待不同的色彩，幼儿通常将相同或相似的颜色混合起来表示高兴、难过和生气；5岁幼儿对色彩有一定程度的情感体验，可以用"高兴""快乐"等词来描绘这些色彩；6岁幼儿则具有较强烈的色彩情感体验，且容易产生情感联想，能够选择不同颜色来表达不同的情感。其中紫色通常用来表示高兴，蓝色表示难过，红色表示生气等等。丰富变化的色彩既能表达情感，又能使幼儿获得精神上的满足感，这种情绪的抒发和满足感有利于幼儿的健康成长。

❋ 心灵小结

1. 积极的情感能够直接驱使婴幼儿做出某种行为，并指导、调控他们的行为，良好的情感同样对婴幼儿自我意识的形成和发展起着重要作用。

2. 婴幼儿的高级情感首先要受到他们自身发展水平的制约，此外还要受到生物遗传、家庭环境、幼儿园和社会环境等因素的影响。

3. 刚出生的婴儿只有几种情绪，例如哭、笑、恐惧等，进入幼儿园学习之后，他们才逐渐感受到同情、窘迫、友谊这样的情感。

4. 良好的情绪情感是孩子快乐成长的基础和保障，家长和幼儿教师可以通过创造舒适的生活环境、制定合理的生活常规、文学艺术作品熏陶等方法来进行培养。

三、培养婴幼儿良好情绪情感的小小途径

心理叙事

小侄子今年四岁了,在上幼儿园中班。这次回家我发现他的脾气变得很"坏",碰到让他不满意的事他就会大声尖叫,嚷得左邻右舍都能听见。有一次我在陪他玩堆积木的游戏,我说这一块应该放在这里,他说应该放在那里,我们意见不一致,我正准备跟他解释时他突然放声尖叫,吓得我捂住耳朵。他闹完后还说那一块就应该放在那里!我没有跟他继续争辩,怕他会叫得更大声。还有一次我们一起坐电梯,没上电梯前他就说他要亲自按楼层,刚进去电梯里另外一个小朋友先按了楼层,他立刻急得大哭大叫起来,妈妈哄他说等会儿下去的时候再让他按一次,他哭着说不行了,已经按过了不行了,后来我们用其他东西转移了他的注意力才作罢。

(一)哭闹的情绪问题

上面这种情景相信很多家长都深有体会,有时候孩子会不顾场合地哭闹发脾气,甚至摔东西打人,家长哄也不行骂也不听,任何人都拿他没办法,最后等孩子自己哭累了才不了了之。面对这种情况很多家长都会苦恼,不知如何是好。

在幼儿的世界里,认为外部世界是以他们的意志为转移的,以自我为中心是他们这一年龄阶段思维发展的特征。在他们的世界里想要什么就必须马上得到,如果得不到,他们就会哭闹,这样想要的东西可能就会得到了,这就是幼儿的习惯性行为。家长受不了孩子哭闹就一口答应孩子的请求,结果就形成了只要我哭,妈妈就会给我买玩具的惯性思维,这就是幼儿的思维方式。

爱哭闹有幼儿自身的原因,也与家庭教育方式有关。例如,溺爱孩子,一味迁就孩子等会造成孩子"唯我独尊"、挑食、不能自理、分享意识差等不良习性,面对这样的情况,应该如何处理呢?

第一,转移孩子注意力。每个孩子都会有情绪难以控制的时候,受到挫折时觉得天崩地裂,这个时候成人可以跟孩子讨论他们平时最感兴趣的东西,比

如家长可以用很大声很夸张的语气和幼儿讨论熊大熊二上次穿越到远古时代遇到了谁,或是询问幼儿超级飞侠乐迪昨天飞到了哪个国家助人等等,引导孩子注意到别的事情上去,忘记了上一秒的悲伤和愤怒,转移孩子注意力的时候一定要夸张,话题要有足够吸引力,这样成功的概率才会大一些。根据情况与孩子好好沟通。孩子以哭闹为手段要挟成人满足他的愿望时,成人要根据具体的情况坚持实事求是,不应该满足的尽量坚持不满足,应该满足的就和孩子好好说话,让他们学会深呼吸平静自己的情绪后再讨论满足愿望的事情。并且教导孩子以哭闹来要玩具的行为是不恰当的,好好商量才是正确的做法。

第二,家长之间要保持一致意见。在育儿观念和做法上,家长之间尽量要保持一致意见,尽量不要频繁出现爷爷奶奶妥协,爸爸妈妈禁止的情形,或者一方反对,另一方同意的状况,这样孩子会习惯性地寻找支持他们做法和想法的家长的帮助,而与另一方形成对立,这样的情形偶尔出现一两次,还可以补救,如果形成了惯性思维就很难纠正了。因此家长之间需要提前沟通协商,哪些愿望该满足,哪些行为不该容忍等。当面对孩子哭闹时一定要保持统一战线,共同引导他们学会控制自己的情绪,合理表达自己的愿望。

(二)入园焦虑

入园焦虑是刚入园的幼儿常见的情绪问题。每当幼儿园开学,基本都能看到很多刚上幼儿园的孩子早上入园时都是两眼泪汪汪,哭闹着要回家,有的孩子甚至趴在地上哭闹不肯上幼儿园。家长和幼儿教师想尽办法,结果收效甚微,他们一方面对孩子于心不忍,另一方面又考虑到入园受教育的问题,常常被孩子搞得异常难堪,有苦难言,有理难讲。

对刚入园的幼儿来说,入园以前的生活范围就是家庭,接触对象就是爸爸妈妈、爷爷奶奶等,整天面对的都是一个非常温馨熟悉的情境。一听到要进入幼儿园,突然感觉要离开爸爸妈妈的怀抱去一个陌生的环境,和一群不认识的小朋友一起开始集体生活,对他们来说,这就是翻天覆地的变化,他们会感到害怕,不舒适,进而产生入园焦虑,一时半会儿也难以接受,这都是幼儿入园时面临的正常现象。那家长和幼儿教师应当如何应对孩子的入园焦虑呢?

对家长来说,第一,多带孩子感知家庭以外的生活世界。随着现代生活水平的提高,交通越来越方便,家庭以外的生活世界也越来越丰富,这都为开阔孩子的视野提供了便利。入园以前,家长可以多带孩子去一些环境好,小朋友多的地方。比如,动物园、植物园、儿童游乐场、旅游景点等,让孩子多感知外面世界的丰富与精彩,给他们创造良好的主动探究意识,培养他们敢于与陌生小朋友一起玩耍,敢于探索陌生的情境,勇于面对不熟悉的困境等,从而养成敢于面对新事物、新问题、新情境的意识,为顺利入园打好基础。

第二,带孩子提前感受幼儿园生活。到了能上幼儿园的前半年,家长可以在幼儿园开放期间陪孩子进去与同伴玩耍,到活动室参观,幼儿园里的小型滑滑梯和多彩的环境会让幼儿非常喜爱,同时也会对幼儿园生活充满期待;或者有条件的先进入托幼班或亲子班,提前适应幼儿园的生活常规。在与孩子的日常沟通过程中,家长可以适当说说幼儿园的美好,让孩子对上幼儿园这件事产生向往之情,这样到了该上幼儿园的时候,孩子对幼儿园的环境已经提前熟悉,入园焦虑也不会那么严重。有些家长在平时说话不注意,对孩子说"再不听话就把你送到幼儿园里让老师管你!"类似这样的话会让孩子对幼儿园产生恐惧,认为幼儿园就是个可怕的地方,这样一来,很多孩子就会逃避上幼儿园,因此家长应当时刻注意自己的言行,切忌说出恐吓幼儿惧园的话语。

第三,培养孩子养成良好的生活常规习惯。幼儿园的一日生活都是提前设计,有序展开的,比如怎样吃饭,何时上厕所,拿东西要排队,到点午睡,如何穿衣等,因此,家长要提前给孩子制定一个完整的一日生活作息,培养孩子一日生活的常规习惯,并且在日常生活中锻炼孩子自己动手穿衣、吃饭、上厕所的能力,生活自理能力增强,才能更好地适应幼儿园的生活。否则生活能力较差,到了幼儿园完全靠老师照顾,也不太现实,毕竟幼儿园的孩子很多,老师不可能做到在家里那样面面俱到,照顾不到的孩子就可能产生抵抗情绪,因此,家长要提前做好生活常规的准备才能更好地应对孩子的入园焦虑问题。

第四,敢于放手让孩子独立生活。孩子在刚入园的前一两个星期存在入园焦虑属于正常现象,入园后有的孩子可能会拉着爸爸妈妈的手不愿意松开,有些家长于心不忍又把孩子带回家,如此反反复复不利于孩子尽快适应幼儿园生活,因此,家长日常生活中,应该让孩子自己做一些力所能及的事情,比如自己上厕所,自己穿衣服,自己整理玩具,自己玩耍等,以此培养孩子的独立自主能力。入园后,家长也应当保持坚定的态度,敢于放手让孩子自己适应新的环境,与孩子商量好下班马上就来接其回家,让孩子在心理上提前做好准备。

对幼儿教师来说,第一,要提前了解幼儿的喜好。孩子入园前,教师要提前和家长沟通,了解幼儿性格特征、喜爱的玩具、特殊的习惯、生活作息与习惯等情况,这样当幼儿在园内发生不愉快的时候,教师就可以用恰当有效的方法安抚幼儿情绪。

第二,以热情友好的态度和幼儿沟通,和幼儿建立新的依恋关系。3岁前幼儿主要的依恋对象是家人,入园后幼儿面对的是全新的环境,迫切需要有人依靠,尤其是幼儿教师的关爱。这个阶段幼儿教师的任务就是尽快和孩子亲近起来,与孩子快乐沟通、积极玩耍、开展趣味活动,让孩子有安全感、愉悦感,降低幼儿的防备、惧怕心理。

第三,设计丰富有趣的游戏活动,让幼儿爱上幼儿园生活。幼儿教师应当提前对幼儿园的环境创设、常规活动进行精心设计,尽量安排丰富多彩的活动区域和趣味主题。例如,区角多彩设计等,吸引幼儿共同参与到活动中去。有了丰富的集体活动、多彩的环境创设、有趣的同伴后,幼儿也会不自觉地爱上幼儿园生活。

心理解读

婴幼儿心理发展过程中会出现一些情绪情感的困扰,家长和幼儿教师应当了解和缓解婴幼儿的一些不良情绪,并积极地运用多种措施来促进婴幼儿情绪情感的健康发展。

(一)如何帮助幼儿缓解不良情绪

以上几种案例是幼儿常见的不良情绪,家长和教师如何帮助幼儿缓解这种不良情绪呢?主要的方法包括以下几种:

1.宣泄法

家长和幼儿教师要引导婴幼儿正确合理地宣泄自己的情绪。婴幼儿控制自我情绪的能力较弱,如果任由他们生气发怒,或者将不良情绪埋在心里,最后会直接影响婴幼儿的身心健康,因此在遇到孩子生气发怒时,家长和教师可以引导他们舒缓气息,比如做深呼吸,带他们到空旷的地方大声呼喊,或是陪孩子到操场上慢跑,到独立的空间里放声歌唱、听音乐等,都是合理的宣泄方式。

2. 消退冷却法

很多时候孩子大声哭喊完全是因为有成人在围观。成人对孩子某些情绪和行为的有意关注,会提高这些行为和情绪再次发生的频率。比如,商场里孩子为了要一个玩具,缠着家长大声哭喊不愿离开,如果家长对孩子的苦恼不理不睬,好像没有看见一样直接离开,孩子见状自然会停止哭闹追上家长。对待孩子的这种消极情绪,家长可以采取回避的方式进行处理。只要每次孩子以哭闹来提出不合理的要求时,父母采取冷却消退的方式,幼儿哭闹久了发现这招没用,就会停止哭闹。这个时候父母可以趁孩子情绪稳定下来好好沟通,找出双方都认同的解决方案。

3. 正面引导法

婴幼儿很会"察言观色",很容易受成人言语和表情的影响。简单来说就是"你觉得我可以做到,我就一定能做到"。在这样的心理暗示下,成功的概率会大大提高。例如,当孩子突然摔倒在地,哭或不哭分为两种情况。第一种情况:当父母看到孩子摔倒时惊慌失色,立刻跑过去扶起孩子看看有没有受伤,孩子看到父母慌张的样子可能会哭,而且哭得很大声,觉得自己疼得喘不过气来。第二种情况:当父母看到孩子摔倒时面色正常,对孩子说没事儿,只是不小心摔倒了而已,自己起来啊。这个时候孩子看见父母镇定自若的样子,本来很疼可能也会强忍泪水觉得没什么大不了,然后自己站起来拍拍手继续玩去了。所以说,成人的态度对孩子的情绪影响很大,如果成人面对突发状况时不镇定、面露惊慌,孩子也会下意识地觉得这是很严重的事从而感到害怕,如果成人淡定看待,孩子也会觉得这不是什么严重的事,也就不会放在心上,因此,成人要时刻记得在孩子面前的表现要正面积极,这样有利于培养孩子承受挫折的能力,养成他们坚强勇敢的性格。

学会了如何缓解不良情绪的方法之后,我们也应当知道良好的情绪是能够得以有效培养的。在不良情绪出现之前,幼儿能够充分认识情绪并保持一个良好的情绪状态。

(二)如何帮助幼儿培养良好的情绪

1. 引导婴幼儿学会认识情绪

婴幼儿的模仿学习能力很强,只要成人愿意耐心教导,就能教会他们相应的知识和技能。培养婴幼儿良好情绪的前提是要教会他们认识各种情绪,评价他人的情绪。家长和幼儿教师可以设计有关认识情绪的活动和图片,拿出笑、哭、生气、害怕等情绪的表情让他们辨认,并让他们说出这些情绪背后可能会产生的想法,引导他们思考在哪些情况下会出现这些不同的情绪,最后让幼儿站在相对客观的角度评价各种情绪的优劣。通过这样的认识活动,幼儿就学会了辨认他人的情绪,培养他们善于"察言观色"的能力,增强对情绪的敏感性,以及学会合理地表达情绪。

2. 正面的情绪示范

父母是孩子出生以来的第一任老师,家长的一言一行都会对孩子以后的健康发展产生深刻的影响。要想培养孩子良好的情绪情感,家长首先就应该做出榜样示范作用,具有良好的情绪情感。在日常生活中家长要尽量控制自己的情绪,面对消极难以处理的问题时也不能在孩子面前大发雷霆,而是应当缓和情绪,用积极乐观的态度去面对问题,给孩子做出榜样。同时,父母也要积极营造一种温馨和谐的家庭氛围,和谐的亲子关系、家庭关系能够使孩子内心安定、情绪稳定、情感积极。一个有趣的案例就是,爸爸在单位被领导批评,回家后对孩子大吼大叫,孩子对着家里的小狗也大喊大叫,这就是负面的情绪给孩子带来的影响。

3. 在游戏中获得积极情绪情感的体验

喜爱游戏是婴幼儿的天性。在游戏中他们能够与同伴一起玩耍,能一起挑战探索新事物,能体验到成功与快乐、自信与自尊。日常生活中,由于孩子长时间处于被照顾的角色,基本都是由家长安排好一切琐事,同时孩子也一直处于服从状态,需要乖乖听话,遵守规则和纪律,完成任务等等,导致孩子的自主性差,体验不到生活的乐趣;相反,在游戏中,孩子能很好地享受自己支配一切的快感,在游戏中他们能够尽情地发挥所长,不受束缚,对游戏活动的愉悦体验也格外深刻。因此游戏能够让幼儿自主活动,尽情自由,并保持身心愉悦,养成自信、自尊、积极的情绪情感。

心灵体验

宠爱不溺爱

① 商场里,多多看到玩具目不转睛,不愿离开。

　　妈妈,我想要这个小火车,你给我买嘛!

② 多多最乖了,家里还有很多小火车,今天就不买了哦。

③ 我不管,今天妈妈不给我买小火车,我就不走了,哼……

④ 多多,妈妈知道你很想要,但同样的玩具有一个就可以了呀,你想要玩小火车,我们可以回家玩呀。

第八章　婴幼儿的社会交往

内容简介

　　社会交往,又称为人际交往,是人与人之间通过各种方式的接触而对彼此产生精神上、物质上的影响。婴幼儿从一出生就开始与外界产生各种社会关系,这种社会关系的对象由最初的父母扩大到亲朋好友、教师同伴。婴幼儿的社会交往是他们生活的重要组成部分,良好的社会交往能帮助他们更好地成长,为以后的社会交往和正常的社会生活奠定基础。了解婴幼儿的社会交往及其发展特点,有助于婴幼儿正确处理人际交往,形成良好的人际关系,促进心理健康发展。

目录

一、亲子交往——人际交往初体验

二、师幼互动如何开展

三、学会分享——婴幼儿的同伴交往

四、培养婴幼儿社会交往的小小措施

一、亲子交往——人际交往初体验

心理叙事

一位母亲的自述：有一天早晨，我像往常一样催促儿子快点起床去幼儿园，然后好去练车，第二天要考试了。我心急火燎，却发现儿子把牙刷咬在嘴里，站在玩具架前玩玩具。我气坏了，大声喊他的名字，并狠狠打了他屁股一巴掌。儿子被我突如其来的举动吓坏了，傻傻地站在那儿，眼里充满了恐惧，手里还拿着没拼好的磁力棒。等我批评完，儿子怯怯地说："妈妈，我想拼一个太阳花，你对着太阳花许愿，明天考试就一定会通过。"我愣住了，一把把他拥在怀中，说不出话来。工作和生活的压力常常让我身心俱疲、浮躁焦虑，难免迁怒于儿子。可我的"小蜗牛"却用他的爱和善良把我浮躁的心熨平了。

在"望子成龙"的心态驱使下，我也曾给过孩子很多强制的"爱"。比如周末，我给他安排了一整天的兴趣班，压得他喘不过气来，他稍有退步我便会大发雷霆，甚至动用"家庭暴力"，我常常能看到孩子眼中的怨恨与不满。每当孩子厌烦的时候，我又是好言相劝，又是物质奖励，把我以为的"特殊的爱"强加在他身上。直到有一天，我发现，物质已不再有吸引力，而且他开始极力地避开我。"学习"无情地拉开了我和孩子的距离。我也想当"慈母"，可事实上，我却是个"暴母"，无法控制自己的情绪，我是不是太自私、太功利了？

从上述这位妈妈的自述，可以看出，这位妈妈认识到自己的做法有些不对，但又忍不住想去控制孩子，以"为他好"的名义给予孩子很多不喜欢的经历，或许这些场景、独白是很多家长都曾经历过、思考过的。在"你追我赶"的教育驱使下，大部分家长打着"望子成龙""望女成凤""不能让孩子输在起跑线上"等旗号给孩子太多压力，却很少顾及孩子内心真实的想法，导致了不良的亲子关系，甚至造成了亲子冲突。有时候家长还会将自己的负面情绪带给孩子，无形之中把自己设在一个居高临下的地位，孩子就应该听从父母的话，孩子就应该乖巧懂事，但事实上家长在和成人交往的过程中能够忍受、控制住自己的脾气，为什么在自己最亲近的孩子面前却没能做到呢？

社会交往是一门大学问，它不仅包括成人与成人之间的交往，也包括成人和孩子之间的交往。家长需要学会如何与孩子正确相处,建立和谐的亲子关系,促进孩子社会交往正常发展。

心理解读

婴幼儿的社会交往是婴幼儿与周围人在交往过程中建立起来的社会关系。从婴幼儿的生活环境来看,他们能够接触到的对象主要是父母、教师和同伴,相应地就把婴幼儿的社会交往分为亲子交往、师生交往和同伴交往三种类型,而父母是婴幼儿一出生最先接触到的社会对象,所以亲子交往是婴幼儿早期社会生活中最主要的社会交往,是帮助婴幼儿从自然人转化为社会人的重要途径之一。

(一)亲子交往的作用

亲子交往即指父母与子女之间的交往。亲子交往是婴幼儿出生后最早接触的社会交往活动,是婴幼儿早期社会化的重要途径。婴幼儿期的亲子交往对成年后的社会态度、行为模式和人格健全产生深远的影响。一般来说,亲子交往对婴幼儿的心理发展具有决定性的作用。比如,亲子交往会直接影响婴幼儿的言语发展,一般情况下,妈妈对孩子言语发展的影响要大于爸爸,可能跟妈妈陪伴孩子的时间更长,更会与孩子沟通交流有关。亲子交往对孩子的认知发展和情绪情感发展也具有重要影响,例如,亲子交往和谐,孩子主动探究意识强,认知发展就越好;亲子交往有冲突、沟通不畅,孩子内心有"怨气",情绪低落,情感冷漠。亲子交往还会影响孩子的人格健全,亲子交往良好,孩子精神愉悦,身心和谐,人格发展更为完善、健全。最后,亲子交往还会为孩子日后的其他社会交往奠定基础,如果一个孩子从小在宽容、和谐的亲子关系中长大,孩子就会把习得的经验迁移到其他社会交往中,也会建立宽容的同伴关系,和谐的师生关系等。

亲子交往是一个父母和孩子之间的互动过程,存在于同一时空里,相互影响,即父母的态度和行为在影响孩子发展的同时,孩子的一言一行也在影响着父母的教养态度和行为。正是在这一互动过程中,父母和孩子学会了怎样和谐相处,也会使家长学会如何更好地热爱家庭、承担家庭责任。思维单纯的孩子总是能教会父母很多,比如,前述案例中,妈妈对孩子发脾气,过后才得知孩子是为了祝妈妈考试通过才做出那样的行为,自己心中也十分内疚。正是在这样的亲子交往中让父母发现自己仍然存在很多不足,并尝试去改正完善自己,良好的亲子关系就是在不断互动、不断学习适应中形成和发展起来的。

(二)亲子依恋的产生和发展

亲子依恋主要是母婴依恋,指婴儿与母亲之间的情感联结,主要发生在0~3岁期间。在情绪情感一章中提到了依恋主要分为安全型依恋、回避型依恋和反抗型依恋,其中安全型依恋是最有利于婴儿心理健康发展的。然而,这种依恋并不是突然发生的,而是婴儿和母亲在长期交往过程中逐步建立和发展起来的一种有益的亲子关系。一般来说,亲子依恋的发展经历了以下四个阶段。

1.无差别的社会反应阶段(0~3个月)

这一阶段,婴儿对所有人的社会反应都是一样的,不存在差别。他们喜欢听每个人的声音,喜欢观察每个人的脸,看到任何人的脸都会露出微笑,不会抗拒别人,喜欢所有人的拥抱。这个阶段,母亲的离开并不会对婴儿产生不安或焦躁,说明婴儿还未和母亲形成依恋关系。

2.有差别的社会反应阶段(3~6个月)

这一时期婴儿不再对所有人都作同样的反应了,他们开始有选择地做出不同反应。比如面对自己不熟悉的声音,看到陌生的人,他们会表现出一点不安或紧张,脸上也不会有微笑,甚至有些抗拒;但是面对母亲或是熟悉的亲人,他们则比较放松,会露出更多的微笑,甚至还会"手舞足蹈",显得有点兴奋。这种有差别的社会反应表明亲子依恋开始萌芽,但是母亲的离开并不会让婴儿感到太多的不安或紧张。

3.特殊情感联结阶段(6个月~2岁)

6个月以后,婴儿和母亲之间的依恋关系变得逐渐明显起来。在这个时候,婴儿渐渐对母亲产生依赖,喜欢和母亲一直待在一起,如果母亲中途离开,他们会表现出焦躁不安,甚至会哭闹,看上去有点伤心失望;一旦母亲回来,他们立马转变态度,重新喜笑颜开,就像什么事也没有发生过一样。"分离焦虑"就是用来描述婴儿的这种心理和行为表现的。同时,婴儿对陌生人的态度也开始发生变化,比如,看到陌生人会"故意"躲避,面对陌生人的拥抱可能会哭闹,挣扎摆脱,这就是常说的孩子开始"认生"了。可见,在这一阶段中,婴儿与母亲之间的特殊情感联结已经建立起来,母亲成了孩子的主要依恋对象,与母亲的交流也是最频繁的。

4.交互影响阶段(2岁后)

2岁以后,婴儿的言语、思维等得到迅速发展,他们能听懂成人的话语,对母亲意愿和情感的理解也更加准确,依恋关系变得稳定、安全。例如,婴儿知道母亲什么时候会回来,什么时候会离开;他们也知道母亲的离开只是暂时的,很快就会回来的,分离后的焦虑逐渐降低。他们还会与母亲沟通商量,能理解母亲暂时离开他们身边的行为,并且能够协商做出更好的解决方式。母亲离开后孩子耐心地"等待"也会促使母亲更加珍惜这种亲情。这说明婴儿和母亲之间已经形成了一种稳定的情感依恋关系,在空间上的相处并不是那么必不可少了。

拓展阅读

陌生情境实验

依恋理论最初由英国精神分析师约翰·鲍尔比(John Bowlby)提出,他试图理解婴儿与父母分离后所体验到的强烈苦恼。鲍尔比观察到,被分离的婴儿会以极端的方式(如哭喊、紧抓不放、疯狂地寻找)力图抵抗与父母的分离或靠近不见了的父母,据此,他认为婴儿的这些行为可能具有生物进化意义上的功能。

依恋理论认为,早期亲子关系的经验会对以后的其他关系特别是成年以后的亲密关系和婚恋关系起作用。大量的研究表明,早期亲子依恋的质量会对个体的人格和心理产生重要的影响。

鲍尔比的同事艾斯沃斯(Ainsworth)对婴儿-双亲分离进行了系统的研究。艾斯沃斯和她的学生创立了一种叫作陌生情境的技术——这是一种实验范式,用以研究婴儿-双亲依恋。

在这种陌生情境中,对12个月大的婴儿和它们的父母进行实验,系统地安排分离和重聚。在陌生情境中,大多数儿童(约60%)的行为符合鲍尔比的"常模"理论。当父母离开房间时婴儿变得心烦意乱,但当父亲或母亲返回时,婴儿主动寻找父母,并很容易在父母的安慰下平静下来。表现出这种行为模式的儿童通常被称为安全型。另一些儿童(约20%或更少)最初会不安,在分离后会变得极为痛苦。而更重要的是,当重新与父母团聚时,这些儿童难以平静下来,并经常出现相互矛盾的行为,显示出他们既想得到安慰,又想"惩罚"擅离职守的父母。这些儿童经常被称为焦虑-抵抗型。艾斯沃斯和同事们记录到的第三种依恋模式被称为回避型。回避型儿童(约占20%)显得不会因分离而过于痛苦,并在重聚时主动回避与父母的接触,有时会把自己的注意力转向玩实验室地板上的物体。

(三)亲子交往的影响因素

亲子关系是伴随着孩子的出生,甚至是胎儿的孕育而自然出现的,良好亲子关系有助于形成安全的依恋关系。例如,亲子之间的和谐、相互信任与支持和理解接纳等,都有助于父母与孩子之间建立稳定的情感联结。有效的亲子交往是形成良好的亲子关系的前提和保障。一般来说,影响亲子交往的因素主要包括以下两个方面。

1.父母的素养

父母自身的素养对亲子交往的影响是深远的。父母素养包括父母的受教育程度、教育观念、教养方式、个性、爱好等,这些因素都会影响他们和孩子的交往。

父母的受教育程度影响他们和孩子的交往方式。一般来说,受教育程度高的父母会更加重视对孩子的教育,更懂得育儿规律,更懂得亲子交往的技巧,往往以平等和谐的方式与孩子相处。例如,"脑洞大开"的孩子提问:"蚯蚓为什么生活在泥土里?"受教育程度高的父母会使交往更加顺畅,给孩子留下"爸爸或妈妈了不起"的印象;相反,交往可能受阻,亲子关系就会变得冷淡无味了。

教养方式也会影响亲子交往。教养方式是父母在与孩子互动中所采用的行为风格。父母的教养方式一般分为四种类型:民主性、专制型、溺爱型和疏忽型。其中民主型的教养方式是最有利于形成良好的亲子交往的。这种类型的父母在与孩子交往时,往往遵循民主平等、理性关爱的原则,与孩子和谐相处,友好交往。这类父母也被称为智慧型父母,在这样的教养方式之下,孩子通常会养成自信、独立、乐观向上、社交良好的人格品质。其他三种教养方式都不利于亲子交往,形成良好的亲子关系。例如,专制型的教养方式,父母往往很强势,控制欲比较强,喜欢操控孩子的一切,很少与孩子沟通,也不允许孩子反抗拒绝等,比如,"这个不可以碰,那个不应该看,钢琴一定要学,小孩子就应该这样"等等。在这种教养方式下,孩子与父母得不到有效交往,往往容易养成胆小、自卑、依赖和社交退缩等不良人格特征。

此外,还要注意父亲角色的教育作用。父亲在家庭中担任了十分重要的角色,也是亲子交往过程中不可或缺的部分,对孩子的社会性交往发挥着不可替代的作用。一般来说,父亲是孩子游戏的重要伙伴,也是社会性发展的重要指路人。由于父母角色的差异,孩子更喜欢与父亲一起玩游戏。通过游戏,孩子扩大交际圈,获得了丰富的社交体验,同时父亲也会帮助孩子掌握更多的社交技巧和经验,促进幼儿的社会交往,提高幼儿主动参与社会生活的态度和积极性,因此,父亲应该认识到自己在亲子交往中的地位和作用,主动花点时间参与到孩子的生活当中,陪伴孩子一起活动、一起游戏,促进孩子社会性交往的正常发展。

需要注意的是,每个家庭都会出现不同的教养方式,不能说民主型的教养方式一定培养出优秀的孩子,而其他类型的教养方式培养的孩子就一定是有缺陷的,关键是父母要把握好每种教养方式的度,做到严而有爱、放而有节,才能构建良好的亲子关系,促进孩子健康发展。

2.婴幼儿自身的特点

亲子交往是相互的,父母的素养会影响亲子交往,同样,婴幼儿自身的特点也会影响亲子交往。一般来说,孩子以何种方式回应父母会影响父母以何种方式与他们交往。

"世界上没有两片完全相同的叶子",同样也不会有两个性情完全相同的孩子,即使是双胞胎也会在言语和行为表现上存在差异。例如,有些孩子生性活泼好动,善于交往;有些孩子生性安静,不善交往;有些孩子回应父母热情迅速,有些孩子回应父母冷淡迟缓;等等。这是由孩子自身的特点决定的。由于婴幼儿身心发展水平还比较低,在亲子交往中,父母要积极主动,多跟孩子沟通交流,积极推动亲子交往,形成良好的亲子关系。

❋ 心灵小结

1. 婴幼儿社会交往类型分为亲子交往、师生交往和同伴交往。其中,亲子交往是最早的社会交往。

2. 亲子依恋主要是母婴依恋,指婴儿与母亲之间的情感联结,主要发生在0~3岁期间。主要包括四个阶段:无差别的社会反应阶段(0~3个月)、有差别的社会反应阶段(3~6个月)、特殊情感联结阶段(6个月~2岁)和交互影响阶段(2岁后)。

3. 亲子交往的影响因素包括父母素养和婴幼儿自身特点。父母的受教育水平、教育观念、教养方式、性格、爱好等都会影响他们和孩子的关系。父亲在婴幼儿亲子交往中具有不可替代的作用。婴幼儿自身的个性特点也会影响亲子交往。

4. 父母的教养方式分为四种类型,包括权威型、专制型、溺爱型和忽视型。

二、师幼互动如何开展

❀ 心理叙事

午睡起床的时候,孩子们正在穿衣服,从活动室传来浩浩惊喜的声音:"肥皂?我们今天要吃肥皂?"

"吃肥皂!今天我们要吃肥皂了!"孩子们都在欢快地叫着。

"老师,今天的点心是肥皂哦。"婷婷和轩轩开心地跑过来告诉我,语气中还带着一丝神秘。

"哎呀,今天真的吃肥皂?"我走到活动室一看,今天的点心是橘黄色的发糕,乍一看还真像彩色肥皂呢。我拿起了一块"肥皂"自言自语:"真奇怪,今天厨房阿姨竟然请我们吃肥皂!"同时我的脸上故意露出一脸惊喜和疑惑。

"哈哈哈,老师真的以为是肥皂呢!"孩子们在窃窃私语,他们在笑话我连发糕都认不出来。

我提了个问题:"你们看,这块肥皂还像什么呢?"

"像一个枕头!""像一张桌子!""像一块毛巾!"……

我说了句:"待会儿你们吃肥皂的时候,可不要边吃边吐泡泡哦!"

"啊?吃肥皂的时候嘴里还会吐泡泡吗?""我们的嘴巴怎么会吐肥皂泡呀?"孩子们被我的话逗乐了。

菲菲说:"我听过一个故事,小蜗牛吃了一块草莓形的香皂以后,嘴巴里吐出了很多肥皂泡,泡泡后来还带小蜗牛飞上了天呢。"

"对哦,吃了肥皂会吐出泡泡,要是你们边吃肥皂边吐泡泡飞上了天,那老师可怎么办哪?"我紧锁眉头说。

"哈哈哈,如果我们都飞上了天,老师你就抓不住我们啦。"孩子们大笑。

我更愁了:"那可糟了,我们班有这么多小朋友都吐着泡泡在天上飞,可老师只有一个人,要怎么抓住你们这么多人呢?"

李熙说:"老师,你可以开直升机去天上抓我们呀,把我们一个个地抓回来!"我连连点头说:"这个主意很不错!"

欣欣说:"老师你可以拿一张渔网,抛到天上去,然后把我们都网住,这样就可以啦。"

我赶紧拍手:"这个主意也很不错,还有别的办法吗?"

可可说:"我们可以让老师坐上热气球,飞到天上去然后带我们回来就可以啦。"

浩浩说:"还是让老师变成孙悟空来抓我们吧,只要老师一变身,肯定超厉害的!"

大家都在积极想各种办法,同时我把发糕分给孩子们一人一块,他们吃得津津有味,好像也在期待有肥皂泡能把他们带到天上去。

上述情境是一位幼儿教师在午后甜点期间和小朋友关于发糕的想象和对话,从案例中我们能看出这位老师和孩子们相处十分愉快,老师恰当地把握住了教育时机,与孩子们进行热闹的探索和讨论,并且站在孩子们的视角来和他们沟通、交流,她把自己也当作一个"不那么聪明的老师",寻求孩子们的帮助。

要知道，每个孩子都非常乐于助人，并且愿意积极展现出自己的能力。肯定孩子们的能力大大激发了孩子们的讨论热情。每一个孩子的想象她都在耐心倾听并给出实际有效的反馈，根据孩子们的已有经验，老师还会适当地丰富孩子们的词汇和表达经验。这种良好的师幼交往非常有意义，大大激发了孩子们主动探求、积极想象、敢于表达的兴致。

心理解读

进入幼儿园以后，幼儿的交往对象进一步扩大。除了父母外，还有教师和同伴。相应地，也产生了新的社会交往形式，其中，师幼交往是继亲子交往后的另外一种重要的社会交往形式，也是幼儿期间主要的社会交往形式，对幼儿的身心全面发展具有重要作用。

（一）师幼交往的作用

师幼交往是幼儿园中教师和幼儿之间的交往。同亲子交往一样，师幼交往也是幼儿教师和幼儿之间的互动过程，是双方相互作用和影响的过程。师幼交往对幼儿心理的健康发展具有重要作用。

1.师幼交往有利于教师深度了解和尊重幼儿

了解每一个幼儿的特点和个性品质，是幼儿教师的重要任务，也是幼儿教育开展的前提和基础。幼儿天真、活泼，内心有很多"奇奇怪怪"的想法，而师幼交往可以帮助幼儿教师深入了解每一个幼儿的身心发展状况，例如每个幼儿的兴趣、需求、情绪、想象、思维、言语等，构建良好的互动环境，进而采取对应的教育措施，避免不必要的工作失误，促进幼儿在各方面得到提升，实现幼儿的最优化发展。例如，上述发糕案例中，正是和谐的师幼交往打开了孩子想象的大门，也使得教师更加深刻地了解了幼儿的思维、想象和言语等发展状况；相反，师幼交往不畅通，就不能准确把握幼儿的心理，甚至会伤及他们的自尊。例如，有个幼儿在区角活动中，把鱼缸里"一直不动"的小鱼伸手拿了出来，老师看见后，大声呵斥道，"花花，你干什么，赶紧把鱼放回鱼缸里！鱼儿离开了水，会死的！"花花吓得赶紧把鱼放回鱼缸，表情有点害怕。后来老师了解到，花花是看到了鱼缸里的鱼"一直不动"，于是想拿出来看看鱼儿是不是生病了，想安慰安慰它。

这么有爱心的小朋友,遭到了老师"无端"的批评。因此,在孩子做出了"异乎寻常"的举动后,老师一定要耐心地与孩子交流,了解孩子的内心世界,避免给孩子的身心发展造成不良影响。

2.师幼交往有利于幼儿个性的社会化发展

良好的师幼关系能够调动幼儿学习、探索和交往的积极性。年龄较小的幼儿还不太懂得如何与别人沟通和交往,因此在交往的过程中经常会出现偏差或是矛盾,这个时候需要幼儿教师的积极干预,无论是在游戏活动中还是有组织的教学活动中,教师都可以把握时机完善幼儿的个性发展,教导他们如何正确地与人交往,如何正确地遵守行为规范和适当的道德准则,促进幼儿的社会化发展。例如,在游戏活动中,看到一个孩子抢另一个孩子手里玩具的时候,幼儿教师应及时把握住机会,了解原因,并教会孩子向别人要玩具时要说:"我可以玩玩吗?""能不能让我玩玩呢?"等等。如果愿望得到满足,要说:"谢谢""你真好"等。

3.师幼交往有利于幼儿的"学"和教师的"教"

俗话说"亲其师而信其道",说明和谐、融洽的师幼关系有助于幼儿教育的顺利开展。教师和幼儿平等相待、和谐相处,会让幼儿有着良好的纪律规范,养成规则意识,有助于教师发挥教学积极性,围绕幼儿的心理发展状况进行教学设计,提高教学效果;同时,幼儿在这种和谐氛围下,心情也会轻松愉快,激发学习的动力,加深对活动的体验和感知,最大程度地发挥他们的内在潜能。例如,通过师幼交往,老师发现幼儿对小石头很感兴趣,老师就可以设计一个收集小石头的游戏活动,让幼儿周末收集自己喜欢的1~2块小石头,然后带到幼儿园一起分享,借此可以发展幼儿的探求意识,加深对形状、大小、颜色等的感知,甚至成因的思考,激发热爱自然的情感。

总之,幼儿园教学过程中,幼儿教师与幼儿之间的交往意义深刻。只要用心去做,真诚以待,就一定能促成良好师幼关系的建立。

(二)师幼交往的类型与模式

1.类型

师幼交往的类型多种多样,划分标准的不同,师幼交往的类型也不一样。

根据交往主体的规模大小,师幼交往可以分为教师和群体幼儿的交往、教师与小组幼儿的交往以及教师与个别幼儿的交往,比如上述发糕案例中的交往就属于群体交往,而区角活动中的交往属于小组交往。根据交往场景的空间特点,师幼交往可以分为教学活动的交往、生活活动的交往以及游戏活动的交往,例如,《小老鼠抬花轿》的语言教学活动属于教学活动的交往,而游戏《捉迷藏》属于游戏活动的交往。根据交往发起者的对象性质,师幼交往可以分为教师主动发起的交往和幼儿主动发起的交往,例如"教师提问,幼儿回答"的互动交往属于教师主动发起的交往,而"幼儿提问,教师回答"的互动交往属于幼儿主动发起的交往。根据互动过程的目的要求,师幼交往可以分为正式交往和非正式交往,正式交往具有非常明确的互动目的,比如,有组织的教学活动,游戏活动都是正式交往;非正式交往没有明确的目的性,比如,课间的聊天活动,午餐时的交流等都是非正式交往。

2.模式

交往模式是师幼交往中比较稳定的操作方式。师幼交往模式也可以从不同的角度进行划分,例如,从幼儿的情感态度来看,师幼交往模式可以分成安全型、依赖型、积极调试型以及消极调试型的交往模式。每个孩子的个性不同,对老师的依赖程度也有所区别。幼儿在进入幼儿园以后,突然失去了家人的陪伴,因此在幼儿园里他们会寻找新的依恋对象,即幼儿教师,以获得安全感和归属感,弥补缺失感。例如,有些幼儿对教师的情感态度是安全的,非常乐意跟老师交往;有些是回避型的,往往是受到老师忽略后表现出来的不愿再理老师和不想再跟老师交往的态度和行为;有些幼儿虽然受到老师的忽略,但并没有放弃,而是积极地寻找机会,继续跟老师保持交往,等等。

根据师幼交往中教师对幼儿的情感态度来看,师幼交往模式可以分为平等交往模式和梯级交往模式,这主要通过师幼交往中教师的肢体动作来体现。平等交往模式要求幼儿教师蹲下来或者弯下腰,跟幼儿平视交流,体现的是幼儿教师科学的交往理念,积极的情感态度,能平等对待每个幼儿,交流也更为有效流畅。比如,当幼儿伤心的时候,教师应该蹲下来,拥抱幼儿,并用柔和的语言询问事情的来龙去脉,也许幼儿就没有那么伤心了,更愿意主动跟老师交流。因此,平等交往模式是现代幼儿园倡导的师幼交往模式。梯级交往模式是在师幼交往中,教师站立,通过俯视幼儿,而幼儿仰视教师的方式进行的交流活动,体现了教师和幼儿之间的地位不对等,就像台阶一样,一个在上,一个在下。梯级交往模式往往不利于师幼交往,会给幼儿带来身心的不舒适感,不利于建立良好的师幼关系。例如,当幼儿犯错的时候,老师在幼儿面前站立,用不悦的表情看着幼儿,不需要说话,这种有形的差距就会给幼儿带来无形的压力,交流就会受阻。现代教育更加提倡平等的师幼交往模式,因为人生而平等,幼儿与教师当然也不例外。

(三)师幼交往的特点

师幼交往是幼儿教师和幼儿之间的互动交往过程,这一过程有着与亲子交往不同的发展特点。

第一,师幼交往发展迅速。师幼交往的建立也有一个从陌生到熟悉的过程,但这一过程很短暂,只需要几天、几周就迅速完成,这得益于前期的亲子交往和婴儿言语的良好发展。例如,亲子关系良好、言语发展良好、活泼的孩子往往入园第一天就能跟老师建立起很好的关系,记住老师的名字、老师穿的衣服、老师讲过的话等等,一般的孩子可能要几天才能跟老师建立起友好的关系。

第二,师幼交往由单一到多样。最初的师幼交往比较单一、表面,主要是教师和幼儿双方都不是很熟悉,交往的目的主要是相互认识。比如,记住老师和孩子的名字,而且是教师主动交往居多,幼儿往往是被动参与。一段时间后,教师和幼儿之间变得熟悉起来,师幼交往逐渐进入了多样化发展阶段,不论是交往的时空、交往的内容,还是交往的方式、交往的互动性都越来越广泛,越来越深入。例如,交往时间越来越多,好像跟老师有说不完的话,交往情境既可以发生在有目的、有组织的教学活动中,也可以发生在非正式的游戏活动和生活情境中;交往内容涉及幼儿心理发展的方方面面;交往方式可以是口头语言的交往,也可以是肢体语言的交往,既可以个别交往,也可以小组交往,还可以全体交往;交往的互动性越来越强、越来越频繁。师幼交往的多样性还体现在教师和幼儿的角色关系上,在师幼交往中,教师和幼儿的角色不仅仅是教育者与受教育者的关系,在感情上还可以是"父母"与"子女"的关系,或者是朋友关系,因此,幼儿教师的角色是多重的,既是教育者,也是保育者,更是幼儿的朋友。

第三,师幼交往持续时间短。在所有的社会性交往中,亲子交往是持续时间最长的,可以说是持续终生,而师幼交往的持续时间比较短,一般是3~4年,幼儿入小学后,师幼交往基本就结束了,换成了另外的老师重新建立新的交往关系。虽然时间短,但这种师幼交往却是至关重要的。俗话说"良好的开端是成功的一半",师幼交往是以后师生交往的基础和前提,师幼交往发展不良,会影响入小学后,乃至整个受教育期间的人际交往。作为幼儿教师,一定要建立良好的师幼交往,为幼儿以后的社会性交往打好基础。

❋ 心灵小结

1. 师幼交往是一种重要的社会交往形式,教师应把握教育时机,利用教育机智,激发孩子想象力,与幼儿和谐相处。

2. 师幼交往的作用包括:有利于教师深度了解和尊重幼儿,有利于幼儿个性的社会化发展和幼儿的"学"和教师的"教"。

3. 师幼交往类型可根据交往主体的规模大小,交往场景的空间特点,交往发起者的对象性质和互动过程的目的要求等标准进行分类。

4. 师幼交往中以交往模式为主,现时代更加提倡平行的师幼交往模式。

5. 师幼交往具有师幼交往发展迅速,师幼交往由单一到多样和师幼交往持续时间短三大特点。

三、学会分享——婴幼儿的同伴交往

✿ 心理叙事

小班幼儿:李想带来一辆玩具车,并告诉老师,他是带来和小朋友一起玩的。自由活动时,李想高兴地拿出自己的车,但他只愿意让小朋友看,不准别人摸他的车。老师说:"李想今天真乖,把玩具带来给小朋友玩,你把玩具给托托玩一下,好吗?"李想低头看了看自己的玩具车,犹豫了一下递给了旁边的小朋友。旁边的小朋友拿到玩具车后说道:"谢谢!"接下来,李想的视线一直没有离开过自己的玩具,也不让玩具离自己太远。

中班幼儿:"这些都是我的,我先拿到的!"老师转过身看到明明正在极力保护自己正在玩的一些积木。明明用手臂尽可能多地抱紧他能拿到的积木。可可十分困惑地站在旁边,说:"我也想玩积木。"明明回答说:"你不能玩,我要这些积木,你不能拿!"老师把手放在明明的背上,然后小声对明明说:"来,明明,这有这么多的积木呢,给可可一些好不好?"明明:"不行,这些我都要玩。"

可可决定自己采取措施,他捡起明明没有拿到的散落在四周的几个积木就开始玩起来。明明发现了,一脚踢飞了可可正在搭建的积木,大叫道:"它们都是我的!"老师很生气,开始教导明明要懂得分享,几分钟后,她从明明那里强行拿了一些积木给可可,并把他们拉开了一定的距离。明明站起来,跺脚哭着说:"我讨厌你们!你们拿走了我的积木!"老师不再理会明明,而是有意识地开始防备明明的不良举动……

从以上两个关于幼儿分享案例的描述来看,第一个小朋友李想已经开始萌发了分享意识,他知道自己要和其他小朋友分享,但是面对心爱的玩具,目前的他只能做到给别人看,在老师的劝导下愿意交出玩具。说明他的分享认识和分享行为还不能有效结合起来,他还不能做到真正意义上的分享。因此需要教师和家长的帮助,引导幼儿学会体验分享的快乐,在分享中互帮互助。

第二个小朋友明明在玩积木时表现得有些"霸道",只能他自己一个人玩,不允许别人来插手,此时此刻积木在明明的眼里是非常宝贵和重要的东西,所以他不愿意分享。但是在老师的眼里,积木属于大家,谁都可以玩,小朋友应该学会分享。案例中的老师一开始耐心教导是对的,但是强行拿取却是不合适的,分享行为应该建立在双方都乐意的基础之上,而不是外界强迫分享,即使幼儿不愿意分享,教师也不应该断然评价幼儿"自私、霸道",纯粹说教效果不佳,真正的教育应该穿插在一日生活的方方面面。短时间内无法养成的分享行为,应该在较长一段时间内有目的、有计划地分阶段实施。

以上两个案例都是关于幼儿之间的分享问题,实际上,这是幼儿之间互动交往的一种典型体现。幼儿之间的互动交往,就是通常说的同伴交往,它是幼儿社会交往的重要组成部分,对幼儿建立和谐的同伴关系,以及进行健康的社会交往具有重要的作用。

心理解读

(一)同伴交往的含义

同伴交往是婴幼儿与同龄伙伴之间的交往。与亲子交往、师幼交往一样,同伴交往也是婴幼儿与同龄伙伴之间的互动过程。婴儿学会独立行走前,生活的圈子主要是家庭,社会交往主要是亲子交往。随着身心发展,认识能力增强,他们逐渐走出家庭,进入社会,渴望与其他同龄小朋友一起玩耍,成为玩伴。同伴交往随之成为婴幼儿社会交往的重要组成部分。

同伴交往中,同伴的态度和行为反应对婴幼儿的交往态度和社会行为具有强化作用,包括正强化和负强化,同时,同伴的态度和行为也是婴幼儿评价自己态度和社会行为的标准。例如,婴儿看到自己的同伴玩"滑滑梯"很高兴,也会跟着玩,也表现出高兴的样子,这就是正强化;反之,婴儿看到自己的同伴"荡秋千"时,摔了下来,痛得哭了,本来也想"荡秋千"的,只好作罢了,因为怕摔下来,这就是负强化。再比如,玩"打地鼠"的游戏,看到同伴玩得很开心,每次都打中,婴儿也跟着玩,结果只打中了几个,这时婴儿可能不开心,甚至不想玩了,因为同伴每次都打中的行为,成了婴儿评价自己"打地鼠"能力或行为差的标准。

同伴交往是婴幼儿社会化的重要因素。因为年龄相仿,有着共同的语言,面临同样的社会交往需求,很容易心灵相通,互相学习,从同伴反应中认识自己,发展自己,完善自己。作为家长和幼儿教师要重视婴幼儿的同伴交往,力争帮助他们形成和谐的同伴关系,从而促进他们的社会交往的健康发展。

(二)同伴交往的类型

同伴交往与亲子交往、师幼交往既有相同点,也有不同点。三种交往都属于社会交往,都是互动性交往;但同伴交往与其他两种交往的最大不同就是交往双方是对等的,属于同龄伙伴。因此,同伴交往的类型差异主要来自婴幼儿自己的身心发展特点,而且在同伴交往的过程中,细心观察就会发现有些孩子人缘很好,非常受欢迎,大家都想跟他们交朋友,一起玩;而有些孩子人缘就有点尴尬,大家好像都不喜欢他们,不愿意跟他们一起玩。

根据婴幼儿自己的身心发展特点,可以将同伴交往分为以下四种类型:

受宠型交往。这一类型的同伴双方兴趣相似,外表整洁,性格外向开朗,喜欢与人交往,因此相互受欢迎度最高。例如,都喜欢滑板车,都喜欢看动画片,想交往时,往往一拍即合。

被拒型交往,这一类型的同伴双方差异较大,一方同伴情绪起伏较大,容易冲动,性格外向,活泼好动,在与同伴交往的过程中常常不能很好地控制自己,经常表现不友好行为,比如推打小朋友、抢别人玩具等。虽然他们很想跟同伴玩耍,但因为经常不尊重同伴,所以常常受到同伴的拒绝。

被弃型交往,这一类型的同伴双方个性差异也较大,一方同伴性格安静,不爱说话,不太活泼,胆子较小,不会表现出主动友好行为,经常表现出退缩性社会行为。这种小朋友没有太多人喜欢,但也没有很多人讨厌他。虽然也一起玩耍,但常常被忽略,基本都是看着同伴玩。

服从型交往,这一类型的同伴双方心理发展差异也比较大,一方同伴思维迟钝,能力一般,性格内向,独立性差,在与同伴交往过程中,往往充当配角,没有主见,喜欢按照同伴的要求行事,完全服从同伴的安排。

以上是几种同伴交往的基本类型,其中受宠型交往是一种健康的同伴交往,而被拒型、被弃型和服从型同伴交往都需要教师和家长多加注意,因为同伴交往通常会受到亲子交往、师幼交往的影响,婴幼儿的三种社会交往都是围绕婴幼儿展开的。因此家长和教师要积极帮助婴幼儿掌握良好的交往技能,完善他们的个性,建立和谐的同伴关系。

(三)婴幼儿的同伴交往的发展

1.婴儿同伴交往的发展

婴儿的同伴交往是随着年龄的增长和认识能力的增强逐渐发展起来的。3岁以前,婴儿交往的对象主要是父母,同伴交往十分有限,具有很大的随意性和不确定性。在这几年里,婴儿的同伴交往主要经历了以下三个阶段。

客体中心阶段(6个月~1岁)。这一阶段婴儿之间的交往对象主要是婴儿生活的社区,而且对象有限。交往的具体表现为短暂接触,如触摸、观望或者微笑,大部分时候双方并没有互相回应,而是单方面的观望。

简单交往阶段(1~2岁)。这一阶段婴儿之间的交往对象变多,而且开始有了互动,他们会注意到同伴的动作行为,也会对同伴的行为有所回应,比如互相抓取一个玩具,模仿对方的行为,引起了对方的注意等。由于身心发展水平较低,他们的交往仍然属于简单、表面的交往,还没有感受到一起玩耍的快乐,也不会长时间相互交往。

互补性交往阶段(2~3岁)。这一阶段婴儿交往开始有初步的合作、互补行为。他们会和同伴一起玩同一个玩具,你跑我追,你躲我找,相互主动交换玩具和食物,轮流玩玩具,并且能在成人的带领下一起做游戏、听故事、唱唱跳跳等。此外,他们与熟悉的同伴一起玩的时间要长一些,一般不主动与陌生小朋友玩。

2.幼儿同伴交往的发展

3岁以后,幼儿开始进入幼儿园学习,在有目的、有组织、有计划的教育影响下,幼儿的同伴交往发展迅速,几乎每年都在变化,都有一些不同于其他年龄段的发展特点。

小班阶段(3~4岁)。这一阶段幼儿的同伴交往处于一个模糊状态,与同伴的交往有随机性和情境性。他们年龄较小,分辨是非的能力较弱,彼此不熟悉,容易产生矛盾。例如,争抢玩具或物品发生争执,并伴随行为推搡或争吵,但争执时间短,很快就会忘记,也不会"记恨"彼此。小班幼儿的同伴交往主要是在情境活动中发生的,比如晨间活动、游戏活动、区域活动等等。

中班阶段(4~5岁)。这一阶段幼儿的同伴交往处于分化期,交往具备探索性和冲突性的特征。他们能够主动与其他小朋友建立伙伴关系,并且开始学会有偏好地"挑选"伙伴,因此很多行为习惯好、受欢迎的幼儿就成了很多小朋友的交往对象。中班幼儿的冲突性质开始发生转变,从之前因物品争执到因人争执,比如幼儿不喜欢自己的同伴常常会说同伴的不是(并一定是缺点),也不喜欢被同伴欺负。

大班阶段(5~6岁)。这一阶段的幼儿语言、情感、个性等都发展良好,他们开始具备一定的道德意识,能够判断简单的对与错,对待同伴不好的行为,他们会很乐意指出来。随着年龄的增长以及知识经验的积累,接触到的活动范围越来越广,无论是在日常生活中还是游戏活动中他们开始学会合作,共同完成任务,这种合作意识、合作行为的出现对他们同伴交往的发展具有深远的意义。这一阶段正是大班幼儿积极发展合作行为的重要时期,因此幼儿教师和家长都应当注意把握这一关键期。

从整个婴幼儿阶段的同伴交往发展来看,主要是从无交往状态发展到有交往状态,从简单的交往到复杂的交往,从独自活动发展到合作活动。

总之,婴幼儿的同伴交往对他们今后的终身发展具有重大影响。同伴交往是他们社会化的主要途径之一,也是他们进入更广泛社会交往的基础。

❋ 心灵小结

1. 同伴交往是婴幼儿与同龄伙伴之间的互动过程,也是婴幼儿社会化的重要因素。同伴的态度和行为反应对婴幼儿的交往态度和社会行为具有强化作用。

2. 同伴交往最大特点就是交往双方是对等的,属于同龄伙伴。同伴交往根据婴幼儿自己的身心发展特点可将分为以下四种类型:受宠型交往、被拒型交往、被弃型交往、服从型交往。

3. 婴儿同伴交往阶段的对象十分有限,具有很大的随意性和不确定性。在这几年里,婴儿的同伴交往主要经历了以下三个阶段:客体中心阶段、简单交往阶段、互补性交往阶段。

4. 幼儿同伴交往在有目的、有组织、有计划的教育影响下发展迅速,几乎每年都在变化。其发展阶段分为:小班阶段(3~4岁)、中班阶段(4~5岁)和大班阶段(5~6岁)。

四、培养婴幼儿社会交往的小小措施

⚙ 心理叙事

(一)为什么孩子在家是小霸王,在外就很乖巧

经常会有家长反映,说自己的孩子在家是小霸王,在学校却十分乖巧,也很

听老师的话，孩子的两面性让家长十分困惑。每次开学后这种两面性就表现得非常明显。比如，孩子在家的时候吃饭总是要我们喂，起床的时候穿衣服也不愿意自己穿，非要我们帮忙，一有什么不高兴，就开始撒泼打滚闹脾气，但是在幼儿园的时候都是自己吃饭、自己穿衣服、自己睡觉，可听老师的话了。这到底是为什么呢？

每个孩子的"行为偏差"，也就是上述案例中所说的"两面性"，都跟他们生活的环境息息相关。为什么孩子在家里脾气很暴躁，而在学校却很乖巧，这与家庭教育有关。在亲子交往的过程中，父母的某些偏差会导致孩子行为出现偏差。

首先，父母的态度和行为偏差会影响孩子的行为。在亲子交往中，父母对孩子的不良行为态度暧昧或是一味退让，会让孩子觉得哭闹就可以解决问题，只要哭闹爸爸妈妈就会答应自己的要求；而在幼儿园里，老师面对众多小朋友有自己的教育方式，他们会对表现良好的小朋友进行夸奖和表扬，并给予适当的物质奖励，为了得到老师的表扬和自己想要的物质奖励，小朋友们都会好好表现，十分乖巧。

其次，孩子在家脾气暴躁的另外一种情况是存在模仿对象。幼儿模仿能力很强，亲子交往中态度和行为具有传染性，如果父母在家态度蛮横，遇事急躁，行为异常，给孩子树立了一个负面形象的"榜样"，孩子看在眼里，记在心里，逐渐习得蛮横态度和急躁行为，并以同样的方式来对待父母。

在这种暴躁和妥协的交互影响下，孩子形成了"小霸王"的形象，在家闹翻了天，在学校乖巧听话。面对这样的情况，家长应该怎么做呢？

首先，家长面对孩子的不良态度和行为不应妥协和退让，尤其是该树立规矩的时候就应该坚定自己的决定，而不应为了制止孩子的哭闹最后妥协。家长要事先和孩子沟通，确定行为规范，并按规范行事，符合规范就可以满足要求，没有符合规范应毫不犹豫地拒绝，不能有丝毫的妥协让步，但在拒绝过程中可以跟孩子耐心沟通，讲明拒绝的原因。

其次，家长要树立良好的榜样形象。俗话说"父母是孩子的一面镜子"。为了给孩子树立好"镜子"，父母尽量在孩子面前表现得沉稳、大方，很多孩子长大后的人格品质都或多或少存在父母的影子。成人作为孩子最直接的模仿对象，应当注意做好表率,不能出尔反尔。

最后,家长可以引导孩子形成良好的社会交往技巧和经验。由于孩子身心发展不够成熟,需要不断地学习,才能不断地完善。为了让孩子学会合理地表达诉求,不无理取闹,家长可以在亲子交往中,教会孩子社会交往的技巧或经验,比如日常的对话、交往的技巧,言语表达的技巧等,适当扩大孩子的社交范围,为他们的社会性发展做好充足的准备。

(二)幼儿总是有攻击性行为怎么办

晨间,老师发画册给幼儿讲故事,朋朋根本没有翻书,把书卷起来当话筒玩,惹得旁边几个孩子也跟着模仿,偶尔翻到走迷宫的那一页,指指画画。该收书了,他把书交给小桌长阳阳,突然抬脚踢了阳阳的胳膊。阳阳疼得哭起来,老师责问他:"为什么踢阳阳?"他却回答说:"我踢老虎的!"书上走迷宫那一页的确有老虎,真是让人哭笑不得。

一天早上,朋朋看到王浩搭出一列新火车,他想要,上去就抢,王浩生气地叫喊、哭了起来,他开始意识到自己的行为不对,赶紧说"对不起"。火车拿在手上才征求人家的意见:"借给我,好不好?"在他搭积木时,连续三四次出现这样的行为。

班上找好朋友玩袋鼠妈妈的游戏,没有一个人愿意和他做朋友,平时有玩具也不愿意和他一起玩。

上述案例中,朋朋在和同伴相处的过程中暴露出来的主要问题是交往规则意识淡薄,经常对同伴进行"攻击性"行为,比如推搡、打人、硬抢等,他不太懂得如何与小伙伴正确交往,比如玩游戏要遵守规则,向别人借东西要及时归还等。如何改正朋朋的"攻击性"行为呢?

首先,朋朋的父母要改变家庭教育方式。孩子需要的是耐心和榜样,并对孩子的不良行为反复制止和改正,盲目打骂或是纯粹说教是不能解决问题的,孩子理解能力有限,说教效果不佳,需要转变态度,从改变行为入手,给孩子提供可以模仿的好榜样,并亲自示范,才能有所改变。

其次,对于朋朋的这种表现,教师可以在教学活动中综合运用多方力量,比如在活动中准备充足的教具、玩具,以免出现玩具不够的现象;或者定好规则,每个孩子都应该遵守规则,在同伴的行为示范下,朋朋的行为会得到改变。教师在活动中也要多鼓励、发现朋朋的优点,多夸奖朋朋的积极行为,受到鼓舞,朋朋会继续好好表现,往好的方向发展。还可以在活动中洞察朋朋的表现,在他产生不良行为之前,适时引导,学会商量征求别人意见。在借玩具、搭积木等实际活动情境中练习、巩固交往行为,体验成功,积累交往经验等。

最后,在朋朋喜欢的游戏中帮助他培养自己的自制力和耐心。当自制力变强后,朋朋在做出行为之前会适当犹豫,做出正确的行为。

心理解读

幼儿的社会交往是生长发育和个性发展的需要,是完成个体社会化的过程。幼儿只有在与他人的友好交往中,才能学会在平等的基础上协调各种关系,充分发挥他们的积极性、主动性和创造性,才能体现自己的力量,更好地认识和评价自己,形成积极情感,获得健全的人格,为将来适应社会生活打下基础。因此,重视幼儿社会交往,发展幼儿的社会交往能力是幼儿教育工作者和家长不可推卸的责任。促进幼儿社会性交往能力的方法是多种多样的,主要有以下几种。

(一)营造和谐健康的家庭氛围

俗话说"家庭是孩子个性的加工厂",说明了家庭对孩子身心发展,个性养成的重要性。父母作为孩子的启蒙老师,在很多方面,尤其是社会交往,都对孩子有着潜移默化的影响,有着辐射榜样作用。和谐、民主的家庭氛围,有助于建立和谐的亲子关系,发展孩子的社会交往能力,促进孩子心理健康发展。因此父母有责任也必须营造和谐健康的家庭氛围。

(二)充分了解孩子的发展状况,尊重孩子

孩子是一个独立的个体,有着自己独特的发展规律。家长应该了解孩子的心理发展状况,尊重孩子的发展差异,不能以过高标准来要求他们,而是应当平常心对待,让孩子展现个性,自由发展,用宽容的态度看待孩子在社会交往方面的表现。

(三)积极面对孩子的交往冲突

孩子们在一起玩耍,不可避免地会产生摩擦、争吵,但是不能把孩子间的一些争执、冲突等同于成人之间的矛盾,切忌以"不吃亏"的原则来教育孩子,甚至强行干涉孩子。当孩子之间产生冲突时,家长首先不要惊慌失措,而是要引导孩子正确认识交往中的各种冲突,相信孩子能"独自"应对交往上的小问题。其次,应该适时公正地加以引导,教给孩子一些正确的交往方法,如分享、交换、轮流、协商、合作等,让孩子学着自己解决问题。最后,培养孩子勇于改错的精神,能原谅他人,在交往中,能互相帮助,具有同情心。

(四)鼓励孩子的每一点进步

家长要及时发现孩子的每一点变化,比如勇敢主动跟别人说话,第一次主动与老师打招呼,热情邀请小伙伴来自己家做客,向一个陌生人微笑致意,学会帮助弱者等,所有这一切,家长要随时看在眼里,记在心里,并持续不断地鼓励孩子去做。如此坚持下去,就一定能看到孩子的良好表现。

(五)帮助孩子克服胆小和怯弱心理

有些孩子面对不同的生活情境时,行为表现判若两人,例如孩子在家里能说会讲,但是在外出场合或陌生的环境往往是要么面红耳赤,原来会说的也说不清楚,要么干脆闭口不言,究其原因,主要是因为孩子有胆小羞怯的心理。这种心理主要是后天教育造成的。比如,父母一向对孩子过于严厉,或是父母对孩子过于保护,都会使得孩子在陌生场合过于紧张,无所适从。建议父母在平时不妨给孩子多一些自由,在一定的范围内听一听孩子自己的意见,多带孩子到人多的场合或陌生的场合,鼓励他们主动接触一些人或鼓励他们主动处理一些事,鼓励孩子自己去解决一些他们能解决的事情,培养孩子的胆量和与人交往的能力。

(六)尊重孩子的交往个性,给孩子充分的自由

尊重孩子的交往兴趣,让孩子明白与同伴交往是自己的权利,处理同伴交

往中出现的问题也是自己的责任和义务。这是培养孩子独立性的重要一步。尽管良好的交往能力对孩子的成功和快乐都非常有益,但家长尽量不要过分干涉孩子交往的方式。实际上,每个人都有自己的个性,交往能力的提高也不等于朋友数量上的增加。一些孩子不愿意主动结交朋友,需要一定的时间去和同伴熟悉、友好相处,而另外一些孩子天生喜欢结伴,喜欢和一大堆朋友玩。无论他选择什么方式,只要孩子愿意、喜欢就可以了,家长只要在必要的情况下给予指导,过多的介入会使孩子害羞、拘谨,甚至无所适从,妨碍他们更好地增进同伴间的了解。

心灵体验

尊重宝宝的选择

① 舞蹈班、绘画班、书法班、音乐班,要给宝宝选哪个呢?

② 爸爸:尊重宝宝选择,宝宝喜欢哪个就选哪个。
那好吧!

③ 舞蹈班 书法班 绘画班 音乐班
爸爸妈妈陪宝宝一个一个地试听

④ 音乐班 宝宝非常喜欢音乐,最后选了音乐班。

第九章　婴幼儿道德发展

内容简介

道德是做人的根本,是人全面发展的首要品质。成为一个有良好道德品质和道德行为的儿童是婴幼儿社会化的重要内容,社会交往的目的之一也是让婴幼儿掌握一定的道德准则和要求,养成初步的规则意识,展现良好的道德行为。婴幼儿时期是一个人道德开始形成的萌芽时期,也是早期道德发展的关键时期。家长和幼儿教师要密切关注婴幼儿的道德发展状况,明确道德发展的特点,及时给予引导、关心和鼓励,养成良好的道德品质。

目录

一、"说过多少次了,为什么还是犯错!"—婴幼儿道德构成

二、人云亦云—婴幼儿道德发展

三、促进婴幼儿道德发展的小小建议

一、"说过多少次了,为什么还是犯错!"——婴幼儿道德构成

🏵 心理叙事

新新今年四岁,是家中的宠儿,由于家人的溺爱,在幼儿园里称王称霸,动不动就欺负小朋友,有一天课间自由活动的时候,新新看见小杰在和别的小朋友玩游戏,就跑过去"搞破坏",将小杰和其他小朋友辛辛苦苦堆的城堡弄得面目全非,其他几个小朋友看见自己的劳动成果被破坏掉了,一下子哇哇大哭起来,老师一边安慰小杰他们,一边教育新新这样做是不对的,然而新新非但不听,还觉得很有成就感,一点都没有意识到自己的错误。尽管老师多次教育,新新却根本不当回事儿。老师束手无策,只好找来新新的爸爸妈妈商量对策,谈到新新的这种行为,爸爸妈妈也很无奈,他们回忆起有一次周末在家,新新一个人在房间玩玩具,突然听见有敲门声,原来是同事带着自己的女儿静静来家里做客,新新看见有朋友和自己玩,刚开始还显得很兴奋。可是正当爸爸妈妈们在客厅闲谈,就听见房间里面传来静静的哭声,大家跑过去一看,静静头发被弄得乱糟糟,一问才知道,原来新新想玩静静手里面的玩具,但是静静不让,于是两人就争执起来了,新新因此动手推搡静静。新新父母感到既生气又尴尬,这已经不是第一次了,每次和小朋友一起玩,总是动手打人,反反复复,新新的爸爸妈妈也不知道该怎么办才好。

从上面的案例中,可以看出新新喜欢做出一些侵犯其他小朋友的行为,故意破坏小杰及其他小伙伴堆好的城堡,和静静抢玩具并且动手推搡等。不仅如此,在老师和家人的劝说下依旧我行我素。其实新新的这种行为是幼儿时期的常见的道德问题行为,比如搞破坏、推搡、打人、乱扔、说脏话等等,但是多数孩子的问题行为具有偶发性,暂时性,通过及时引导很快就会纠正过来。但有些孩子的问题行为没有得到及时纠正,使其越陷越深,不能自拔,需要长期的干预,借助多方力量,反复教导与示范,也是可以矫正的。而新新的行为具有明显的破坏性和侵犯性,经常惹是生非,已经到了问题行为"正常化"的地步了。如

果不及时纠正,会干扰正常的幼儿园教学秩序,比如,教师会花很多时间来处理矛盾冲突;也会给其他孩子带来心理伤害,受到侵犯的幼儿,会产生心理困扰,甚至会产生恐惧心理,以至于不愿上幼儿园。

幼儿教师与家长需要特别关注幼儿的问题行为,及时查找问题行为的原因,及时采取有效策略进行纠正,还要保持耐心,常态化的问题行为经历了一个较为漫长的过程,纠正也需要时间,过程中还会出现不断的反复。比如喜欢打人这种行为,虽然得到一定的控制,但是后期很有可能还会出现。总之,不管是哪种问题行为都需要幼儿教师和家长们认真对待,以免错过关键期,导致行为难以纠正。

心理解读

道德是一种社会意识形态,是人们共同生活及其行为的准则与规范。道德往往代表着社会的正面价值取向,起着规范社会行为的作用。比如说,爱护公共环境卫生、给老年人让座等行为就是符合道德的行为;乱扔垃圾、动手打人等行为就是不符合道德的。道德是一种社会现象,它用是非美丑、善恶荣辱等观念,评价人们的行为,调整人与人之间的关系。婴幼儿的道德观是在社会交往过程中逐渐习得的。例如,婴儿在看到好的行为的时候,会微笑或者拍手;看到不好的行为时,会皱眉、摇头或者看上去很伤心。婴幼儿早期还没有道德观念,不清楚哪些行为是道德的,哪些是不道德的,但有关道德规则和行为的教育是必不可少的,早期的道德教育会对他们以后良好道德品质的养成起着重要的作用。这一时期和谐的亲子关系和安全性依恋的建立,对婴幼儿道德意识的萌芽,甚至道德层次水平的高低起着奠基性的作用。

(一)道德的层次水平

道德是一套生活及其社会行为规则系统,体现在社会生活的方方面面。在这一整套生活及其行为规则系统中,有些规则是制度层面的,具有强制性;有些是习俗层面的,具有选择性;还有些是精神层面的,具有崇高性,由此构成了道德的不同层次和水平。根据道德行为规则在社会生活的地位和作用的不同,将道德分为以下三个层次。

1.基准道德

基准道德由社会的法律法规、社会制度等规定的行为准则系统。这是任何人都必须遵守的道德行为准则,具有强制性。比如遵纪守法、爱护公共设施、不虐待儿童、过路口要走斑马线等,这些规则都是通过"应当"和"禁止"的方式规定了所有人必须要遵守的道德准则,一旦违反,就将被惩罚。在社会中通常以法律法规和制度的形式固定下来的最基准的、绝对遵从的道德行为要求,就是通常所说的"法律制度是最后的道德底线"。

2.习俗道德

习俗道德是由社会约定俗成的善良风俗习惯构成的行为准则系统。相对于基线道德而言,习俗道德具有一定的选择性,它基于道德底线之上,人们可以根据自己的意愿选择是否做出该行为。比如公交车上让座,幼儿排队玩游戏等体现的都是习俗道德水平。让座与排队,自己是可以选择的,即使不让或不排队也不会触犯法律,因为法律没有明确规定违反这一类道德准则要受到惩罚,但是如果选择让座和排队,大家会觉得让座者和排队者具有良好的道德品质,会受到大家的爱戴和尊重。习俗道德不具有强制性,靠个人善良的自觉性来维持。

3.精神道德

精神道德是由人内在的高级情感维持的理想行为准则系统。基准道德是道德的底线,而精神道德则是道德的制高点,是道德的理想状态,故而又称为"道德理想",主要体现的是一种"舍己为人""舍小家为大家"的精神,比如公民见义勇为,军人保卫国家,科学家冒着生命危险做各种实验等等,他们把国家、民族和人民利益看得高于一切。精神道德也不具有强制性,靠个人的社会价值观来维持。

对婴幼儿来说,道德的层次水平都比较低,还谈不上精神道德,更多是对基准道德和习俗道德的初步认识,重在规则意识的强化和良好道德行为的养成。

(二)婴幼儿道德的心理结构

道德是社会的行为准则在人身上的具体表现,行为准则本身不是道德,但它是评判道德的准绳。因此道德的形成是外在的行为准则内化为个体需求,并在社会生活中表现出来的一个动态过程,它是由多种成分构成的一个心理结构。一般来说,婴幼儿道德的心理结构包括以下三个成分。

1.道德认识

道德认知也可以理解为道德观念,是在已有的知识基础上,对道德事实产生感应,从而获得对道德新认识的一种心理活动过程。简单说,就是通过已有的知识来理解道德规范,以及行为事件的意义。婴幼儿时期的道德认识包括对行为事件、行为目的、行为价值和行为主体的认识。例如,爸爸让座,幼儿高兴,这是对行为事件的认识;知道爸爸让座是好的道德行为,这是对行为目的的认识;知道爸爸让座会给他人带来快乐,这是对行为价值的认识;知道自己让座是符合道德规范的,这是对行为主体的认识。

道德认识是道德品质形成的基础,是道德情感产生的依据,并与道德情感一起对道德行为起着监督和调节作用。道德认识与道德情感相结合,会形成一定的道德信念,激发道德需求,从而产生道德行为。例如,通过家长和老师的教导,孩子明白了小朋友之间要互相帮助是好的道德行为。

2.道德情感

道德情感是在道德认识的基础上,对自己或他人的言行或处境是否符合道德规范而产生的一种内心体验。当道德行为与自己认同的道德规范相吻合时,就会产生积极的道德情感,反之就会产生消极的道德情感。在道德认识发展的基础上,婴幼儿产生了最初的道德情感,主要表现为能体会他人的感受,关心他人的处境,愿意主动帮助他人,也会讨厌不遵守规矩的小朋友。例如,两个小朋友在一起玩耍,其中一个小朋友不小心摔倒了,另外一个小朋友会尝试扶起摔倒的小朋友,嘴里说着"没事,没事",如果摔倒的小朋友感觉很疼,忍不住哭了起来,另外一个小朋友看到同伴哭了,产生同情心,于是也跟着"莫名其妙"地哭了起来。排队玩游戏的时候看到有小朋友插队,也会大声嚷嚷,表达不满。

道德情感是产生道德行为的动力,同时还会深化对道德观念的认识。情感越强,越容易产生道德行为,进一步巩固已有道德观念。家长和教师应该多多鼓励和表扬孩子的善意行为,形成积极的道德情感。例如,看到孩子帮助同伴收拾散落在地上的画笔时,家长和老师应该及时表扬和鼓励,孩子会很高兴,从而体会到帮助同伴是一件快乐的事情,不仅能够增强孩子的自尊心、自豪感,以后也会产生更多的亲社会道德行为。

3.道德行为

道德行为是指在道德意识和道德情感的支配下表现出来的有利或者有害于他人和社会的行为,是道德认识的外在表现,也是衡量一个人是否具有良好道德品质的重要体现。例如,幼儿看到同伴哭,会做出安慰的行为;看到皮球滚落到草丛里,会主动帮忙捡回来等等,这些都是善意的行为,属于良好道德品质的体现。

道德行为是道德认识和道德情感的外部表现,也深化和巩固着已有的道德观念和道德情感。在整个婴幼儿期,道德行为是道德教育的重要内容,对孩子道德品质的养成重在道德行为的引导,而非道德说教,很多孩子的道德行为往往是家长和教师对良好道德行为强化的结果。

婴幼儿道德的心理结构的三个成分既相互区别,又密不可分。它们各有特点,又相互渗透,相互促进,相互转化。道德的三个成分之间的相互关系也是道德教育中"晓之以理,动之以情,导之以行"的心理依据,要培养婴幼儿良好的道德品质,就必须既要关注它们各自的特点,又要把握它们的内在联系,使它们协调一致。

✻ 心灵小结

1. 婴幼儿在成长过程中会出现一些问题行为,比如破坏行为、侵犯行为等。

2. 家长和幼儿教师要重点关注婴幼儿的问题行为,常态化的问题行为是长时间形成的,因此需要大人有耐心,长期坚持才能矫正。

3. 道德具有三个层次水平,分别是基准道德、习俗道德和精神道德。

4. 婴幼儿的道德心理结构由道德认知、道德情感和道德行为三部分构成,良好的道德品质是道德的三个部分之间协调一致,共同作用的结果。

二、人云亦云——婴幼儿道德发展

心理叙事

小美今年4岁,正在幼儿园里上中班,是一位活泼可爱的小女孩。小美因为性格非常阳光开朗,因此班上的小朋友都很喜欢和她玩,她自己也觉得很开心。在小美她们班上,不久前来了一位小男孩叫乐乐。相比于小美的父母来说,乐乐的父母只是普通的工人,家境不太好。因此乐乐平时穿得比较朴素,不太喜欢说话,性格也有点古怪,总是莫名其妙地跟其他小朋友发生矛盾。但很奇怪的是,乐乐喜欢和小美一起玩,每次自由活动的时候,乐乐总是跑去和小美一起玩玩具,做游戏,表现得很开心,像换了一个人似的。但是,有一天,小美的妈妈去幼儿园接她放学的时候,远远看见乐乐用手推着小美玩,差点把小美推倒了,脸色一下子就变了。等小美回到家,妈妈问小美:"今天和你一起玩的那个小男孩是谁呀?"小美高兴地回答道:"他叫乐乐,是不久前来我们班的,现在是我的好朋友。"妈妈紧接着又问道:"那他有没有欺负你啊?"小美回答道:"没有。"妈妈又问:"那他为什么推你啊?"小美回答道:"我们在玩推土机的游戏。"妈妈眉头一皱,叫小美以后离乐乐远点,说乐乐是坏孩子,好孩子不能和坏孩子一起玩。小美感到很疑惑,为什么乐乐就是坏孩子了呢?但因为是妈妈说的话,小美觉得肯定是对的,于是自由活动的时候总是刻意地疏远乐乐。一段时间后,老师发现了这一奇怪的现象,于是问小美:"乐乐不是你的好朋友吗,为什么你现在不和他一起玩儿了呢?"小美把妈妈的话一五一十地告诉老师,老师却对小美说:"乐乐不是坏孩子,大家都是好孩子,你们要互相帮助哦。"听到老师的话,小美不知道该怎么办了,妈妈的话和老师的话到底应该听谁的呢?

从上述案例中,我们可以发现,小美开朗的性格让她有着好人缘,连性格古怪的乐乐也愿意和她一起玩耍,在小美的观念里面,只要能和自己玩到一块的人都是自己的好朋友,因此,她把乐乐当成自己的好朋友,并没有因为乐乐的穿着而讨厌他。但是,当妈妈告诉自己,乐乐是坏孩子,叫自己远离乐乐的时候,虽然不知道妈妈为什么这样说,但是她觉得大人说的话一定是对的,所以就照做了。其实小美的这种情况是幼儿道德发展过程中的常见现象。4岁左右的幼儿,道德认识还只是停留在表面,道德判断能力比较弱,不能独立地进行道德评判,只是盲目地服从外界权威。而父母和幼儿老师恰恰是孩子们眼中的权威人物,所以不管他们说什么,幼儿基本都是绝对服从。例如,大人说调皮捣蛋的孩子都是坏孩子,不讲礼貌的孩子也是坏孩子,幼儿在心里也自然而然会形成这样一种认知,本能地远离那些"坏孩子"。所以在本案例中,当妈妈和老师传递给小美的价值观与其自身价值观相反时,小美就产生了矛盾,陷入了困惑。

幼儿时期是孩子道德认知、道德情感等开始形成和发展的时期,也是可塑性最强的一个时期。处于这个阶段的孩子没有明确的是非观、善恶观,没有形成正确评判道德行为的一套价值体系。虽然婴儿期没有明确的道德观念,但关于道德的早期教育对幼儿期正确道德观念的形成起着重要的作用。如果家长和幼儿教师在平时的言传身教中向婴幼儿传递正确的道德评价观,那么婴幼儿在潜移默化中也会进行正确的道德评价;相反,如果幼儿教师和家长道德观念相反,那幼儿就很容易陷入两难选择之中,最后失去独立判断的能力。由此可见,家长和幼儿教师应该相互配合,掌握婴幼儿道德发展的规律,向他们传递正确的道德观念,教会他们进行正确的道德判断。

心理解读

个体道德发展是个体心理发展的一个方面。是个体认识社会伦理道德,形成道德认知、道德情感、道德行为的过程。既受到个体周围社会文化环境的影响,也受到个体自身的成熟与认知的制约。道德发展的过程与心理发展的其他方面一样,存在一定的发展阶段,会随着年龄的增长表现出不同的特征。

(一)道德发展的基本理论

从19世纪末开始,相继出现许多关于婴幼儿道德发展的研究报告和基本理论。在诸多的道德发展阶段理论中,影响最大的是皮亚杰和科尔伯格的道德发展阶段理论。

1.皮亚杰的道德认知发展阶段理论

皮亚杰对于孩子道德发生、发展的研究是从孩子的游戏规则开始的。通过"对偶故事法"的实验研究,他把孩子的道德认知发展划分为既相互区别又相互联系的四个阶段,其中婴幼儿的道德发展主要集中在前两个阶段。

(1)自我中心阶段(0~5岁)。此阶段的婴幼儿,其道德处于"无规则"状态。他们还不能对行为做出正确的判断,往往我行我素,还不能完全理解行为的道德意义,不清楚行为对错的原因。例如,3岁左右的孩子做错了一件事,父母很生气,大声批评孩子后,孩子吓得大哭,父母问:"你这样做对吗?"孩子含泪点点头,父母更生气了,孩子又连忙摇摇头。这说明他们还不知道何为对错,因此,这一时期又称为"前道德时期"。

(2)他律道德阶段(5~8岁)。此阶段幼儿的道德水平是"遵守规则"。他们认为凡是规则都得遵守,所做出的任何行为都不能破坏规则,否则就是不道德的行为。他们完全依据他人、权威对自己的行为进行约束。比如,"这是老师说的""我爸爸说,打人是不对的""你那样做,老师会批评的"等等,都是孩子依据外在的权威标准来评判行为是否是道德的。而且这个阶段的孩子只重视行为所带来的结果,而不会重视行为所产生的原因,即只要孩子行为产生的结果是坏的,不管出发点是好是坏,孩子都会认为这种行为是不道德的,故又称"权威阶段"。

拓展阅读

对偶故事法

"对偶故事法"即通过向实验对象讲述一些包含道德价值内容的故事,以对偶故事为主,成对出现,来判断实验对象所涉及哪些道德行为类型的一种方法。

故事一:一个叫约翰的小男孩在他的房间时,家人叫他出去吃饭,他走进餐厅,并不知道门后面有一把椅子,椅子上面有一个放着15个玻璃杯的托盘。当他推门进去,门撞到了托盘,结果15个杯子都撞碎了。

故事二:从前有个叫亨利的男孩。一天,他母亲外出了,他想从碗橱里拿出一些果酱。他爬到一把椅子上去,并伸手去拿。由于放果酱的地方太高,他的手臂够不着,在拿果酱的时候碰倒了一个杯子,杯子掉到地上打碎了。

问题一:这两个小孩是否感到同样内疚?

问题二:这两个孩子哪一个行为更不好?为什么?

……

2.科尔伯格的三水平六阶段理论

科尔伯格在皮亚杰的道德发展阶段理论基础上,进一步丰富、充实了其研究成果,采用"道德两难故事法"将皮亚杰的道德认知发展理论扩充为三水平六阶段理论,详细地阐述了道德发展过程中各个阶段的表现特征。尽管个体道德发展速度可能存在不同,但这个阶段的发展顺序是固定不变的。道德发展分为"前习俗水平"(0~9岁)、"习俗水平"(9~15岁)、"后习俗水平"(15岁以后)三个水平,每个水平又包括两个阶段。但婴幼儿的道德发展阶段属于第一种水平,即"前习俗水平",该水平又包括两个相互联系但又有不同特点的发展阶段。

(1)服从与惩罚的道德定向阶段。此时的婴幼儿在判断行为的好坏时,主要依据是该行为的结果是否受到了表扬或惩罚,以及表扬或惩罚的程度。凡是受到惩罚的行为都是不对的,凡是得到表扬的行为就是对的。比如,小夕为了得到老师的奖励,撒谎说自己今天有乖乖睡午觉,但欣欣看见小夕得到表扬了,就以为撒谎是一种好的行为。下次很有可能为了得到老师的赞扬,也会学着撒谎。处于这一阶段的孩子还没有真正的道德观念,对行为背后的意义不太关注。

(2)相对功利主义的道德定向阶段。此时的婴幼儿会根据自己的需要来判断对错,只要是能满足自己需要的行为就认为是对的。因此,在实际生活中,他们只遵守那些对他们来说可以获益的行为规则。比如,壮壮看见教室里面的玩具很漂亮,想带回家给自己2岁的妹妹玩,但是玩具是公共物品,不能私自拿走,于是壮壮就悄悄地放在书包里带回家,妹妹看见漂亮玩具很开心,壮壮因此对自己的行为感到很自豪,误认为自己这样做是正确的。

> **拓展阅读**
>
> 道德两难故事法——"海因兹偷药"
>
> 欧洲有位妇人患了癌症,生命垂危。医生认为只有一种药能救她,就是本城一位药剂师最近发明的药。制造这种药要花很多钱,药剂师索价还要高过成本10倍,药剂师花了200元制造药,竟向妇人的丈夫索价2 000元。病妇的丈夫海因兹到处向熟人借钱,一共才借到了1 000元,只够药费的一半。海因兹没有办法,只好告诉药剂师,他的妻子快死了,请求药剂师便宜一点卖给他,或者允许他赊账。但药剂师说:"不成,我发明此药就是为了赚钱。"海因兹走投无路,竟在夜晚悄悄地撬开了商店的门,为妻子偷来了药。
>
> 问题一:这个丈夫应该这样做吗?为什么?
>
> 问题二:法官该不该判他的刑?为什么?
>
> ……

(二)婴幼儿期道德的发展特点

1.道德认识的发展

婴幼儿时期是道德的萌芽期,此时的道德认识和评价带有很大的局限性和形象性,道德认识是笼统的,带有表面性和片面性,但是会随着年龄的增长逐渐改善。

3岁左右的幼儿就已经对某些行为产生了基本的道德认识,他们会感到自己必须做某些事情或者是不应该做某些事情,开始认识到某些规范具有权威性。比如,"这是好的,那是坏的""我们应该这样做,我们不能那样做"等等。但是此时他们的道德处于较低水平,基本没有道德知识,道德认识很浅显,同时概括能力也很差。他们只能领会一些初步的、简单的道德认识与要求,他们从直觉的、具体的、表面的、单个的方面去辨别是非,理解事物具有很大的片面性和狭窄性。比如他们认为英雄仅指解放军叔叔,给自己买新衣服穿的人就是好人等等。

婴幼儿时期的道德认识是不稳定的,在相同条件下道德认识具有一致性,一旦条件改变,认识也随之改变。比如,当好朋友给自己分享玩具时,就认为朋友是好人,但是如果哪一天朋友不再和自己分享玩具了,就会改变自己以前的想法。但是随着思维的发展和教育的影响,5~6岁的幼儿具有了一定的概括能力,比如能意识到"跟小朋友分享玩具和糖果,一起玩游戏,爱劳动的小朋友都是好孩子""朋友也会偶尔犯错,知错能改就是好孩子"等等。

婴幼儿的道德评价能力也是随着年龄的发展而不断提高的,3岁前的婴儿基本没有道德评价的能力,成人说什么就是什么,绝对地服从权威。3~4岁的幼儿道德评价具有很大的情绪性和暗示性。他们常常根据自己的情绪来评价别人,比如和自己玩得好的小朋友就是好的,不和自己玩的小朋友就是不好的。有时也会以成人的意见作为自己评价事物的标准,只要父母或者老师说不要和谁一起玩,就认为那个人是坏人。4岁开始大部分的幼儿能够运用一定的道德行为规则去评价自己和他人的好坏,到了5~6岁,幼儿道德评价的独立性有了较大提高,但是仍然会受到外界因素的影响。

2.道德情感的发展

婴幼儿期道德情感的主要特点是:外显性、表面性、不稳定性、易受感染性以及暗示性。

婴幼儿的道德情感最初是与自然情感分不开的,主要是由于某种强烈的情境刺激而引起的情绪体验,因为缺少道德认识的因素,因此是一种本能的情绪体验。一般来说,婴幼儿的道德情感是随着年龄增长、认识的提高、自我意识的发展而不断发展起来的。

在道德认识发展的基础上,婴幼儿产生了最初的道德情感,不过这个时候的道德情感只关注自己开不开心,不会在意外界事物所带来的情绪体验。例如,3岁左右的幼儿常常会因为其他小朋友不小心破坏了自己心爱的玩具而感到愤怒,从而动手打人。随着年龄的增长和教育的影响,婴幼儿的道德情感逐步和自然情感分离,从本能的情绪体验逐步由外界事物所引起的情绪体验所代替,主要表现为能体会他人的感受,关心他人的处境,也会想到帮助他人。例如,两个小朋友在一起玩耍,其中一个小朋友不小心摔倒了,另外一个小朋友会尝试扶起摔倒的小朋友，嘴里说着"没事，没事"，如果摔倒的小朋友感觉很疼，忍不住哭了起来，另外一个小朋友看到同伴哭了，产生同情心，于是也跟着"莫名其妙"地哭了起来。到了5~6岁左右，幼儿开始在道德认识的基础上产生伦理道德的情绪体验，会用一些基本的道德规范去判断行为的好坏。例如，看到同伴帮助老师收拾玩具而得到老师表扬，会感到高兴；自己推倒同伴建好的城堡，遭到老师批评时会感到伤心、内疚等等。同时幼儿的道德情感逐渐具有一定程度的社会性质。例如，讨厌大灰狼是因为它是凶恶的动物，专门欺负其他小动物；喜欢猪小弟是因为它是善良的动物，曾经打败了大灰狼等等。

3.道德行为的发展

婴幼儿的道德行为是随着道德观念和道德情感的发展而逐步发展起来的，但相对来说，婴幼儿道德行为的发展要快于道德观念和道德情感的发展。婴幼儿可以做出一些帮助小朋友的行为，但并一定理解该行为就是道德规范的体现。例如，2岁多的婴儿有时候会帮同伴找搭建房子需要的积木，但不理解这就是好的道德行为的体现。

幼儿时期道德行为发展的一个重要特点就是言行脱节，具体表现就是他们有时候能够理解一些基本的道德行为准则，但是在生活中偶尔还是会做出一些违背该准则的行为。比如说老师上课的时候告诉小朋友们待会儿领取水彩笔的时候一定要排队，不可以拥挤哦，小朋友们整整齐齐地答应了。但是真正到领水彩笔的时候，还是有些幼儿不排队，直接围在老师身边。造成这种言行不一的原因可能是道德认识和自我认识发展水平低，还不足以控制他们的道德行为。他们或许认同父母或者老师说的话都是对的，但排队的目的是什么可能根本没有理解，当然也就不可能在行为上表现出来。

幼儿道德行为发展的另外一个特点就是道德行为的自觉性差，行为不稳定，容易受外部环境，尤其是成人的影响。3~4岁年龄阶段的幼儿，其道德行为往往受眼前的事物所约束，他们还不能独立地提出要求，告诉自己哪些事情该做，哪些不该做，他们的行为都是在成人的监督和鼓励下表现出来的，并不是靠内心的自觉性。比如老师告诉幼儿玩具要大家一起分享才是乖宝宝，吃完饭后要洗手等等，这些事情都是在老师的"命令"下完成的，要幼儿自己主动地学会分享和劳动是很难的。到5~6岁的时候，幼儿开始有意识地调节自己的道德行为,主动性有一定的提升,但总的说来道德观念和道德情感都比较薄弱,道德行为的持续性和自制力都比较差。

总之,婴幼儿的道德认识、道德情感和道德行为都在随着年龄的增长、认识的提高、社会交往发展和自我意识的增强而不断产生和发展。道德各成分的发展速度和水平都是不一样的,有些发展得快,有些发展得慢,有些发展水平高,有些发展水平低。一般来说,婴幼儿的道德行为发展较快,道德情感和道德认知发展较慢,而发展水平上,道德行为相对低一些。这与婴幼儿本身的发展和后天教育有关,如前所述,婴幼儿的思维属于直观动作思维,动作的发展带动了认知水平的提升;另一方面,幼儿道德教育往往过于注重规则意识的灌输,却较少教他们应该怎么做,所以他们的道德认识水平一般高于道德行为水平。因此,教师和家长在对孩子进行道德教育时,要把握道德发展的特点,并对其进行针对性的教育;道德实践上一般是把重心放在道德行为的引导上,教孩子怎么做,然后逐渐告诉他们道德规范是什么,为什么。

❋ 心灵小结

1. 4岁左右的幼儿,道德认识还只是停留在表面,道德判断能力比较弱,不能独立地进行道德评判,只是盲目地服从外界权威。

2. 婴幼儿时期是道德的萌芽期,此时的道德认识和评价带有很大的局限性和形象性,道德认识是笼统的,带有表面性和片面性,但是会随着年龄的增长逐渐改善。

3. 婴幼儿期道德情感的主要特点是:外显性、表面性、不稳定性、易受感染性以及暗示性。

4. 幼儿时期道德行为发展的一个重要特点就是言行脱节,具体表现就是他们有时候能够理解一些基本的道德行为准则,但是在生活中偶尔还是会做出一些违背该准则的行为。

三、促进婴幼儿道德发展的小小建议

心理叙事

圆圆今年6岁,是一位性格比较内向的小女孩,平时很少和学校的小朋友或者小区里面的小朋友一起玩耍。作为小孩,喜欢吃零食是很正常的,圆圆也一样,平时喜欢吃零食,但是有一个不太好的习惯,每次吃完零食的包装袋或者各种塑料杯子、竹签都不会丢进垃圾桶,总是随手丢弃在路边。圆圆在爸爸工作的地方玩耍,总是喜欢把吃完剩下的垃圾从店里面直接扔到外面人行道上;有时候边走边吃,产生的垃圾也是随手一扔。不仅在家里是这样,在学校也有同样的行为,其他小朋友在圆圆的课桌抽屉里、座位附近的走道上,经常发现有各种垃圾存在。圆圆的爸爸妈妈起初都不太在意,老师也没有意识到事情的严重性,直到后来很多小朋友都开始学着圆圆乱扔垃圾并不以为然,家长和老师才开始警惕起来。老师屡次教育,并未收到很好的效果。

老师清楚地明白如果长期这样发展下去,后面再想纠正就很难了,于是请来圆圆的爸爸妈妈了解情况,想要共同找到纠正圆圆这个不良习惯的解决办法。经过一番交谈,老师推测出很可能是因为圆圆的父母平时就有随手扔垃圾的习惯,圆圆经常在爸爸的店里面玩,通过观察和模仿习得了这种不良道德行为。然而圆圆的父母并没有意识到自己的不良行为是导致圆圆不良行为的根源。后来,通过父母有意识地改变自身行为,再加上幼儿园老师的教育,最后圆圆的不良行为得到了纠正,也可以和其他小朋友们玩到一块,性格也变得开朗许多。

通过分析上述案例可以看出,圆圆在幼儿阶段就养成了喜欢乱扔垃圾的不良习惯,不仅在家如此,在幼儿园也是这样,并且对班级上的其他小朋友也产生了不好的影响。老师多番说教也不听,最后通过与其父母的交谈才发现了问题产生的原因,因此对症下药,改掉了圆圆的这个不良习惯。处在幼儿时期的孩子道德意识还很薄弱,道德具有适应性和模仿性的特点,会模仿周围人的一些日常行为,努力与周围人的行为相一致。就圆圆而言,幼儿园和家庭是最主要的生活环境,在幼儿园有老师的教导,养成不良习惯的可能性很小。老师通过访谈也发现,圆圆的爸爸妈妈在家就有随手乱扔垃圾的习惯,因此,圆圆小小年纪就养成这种不良习惯,究其原因还是家庭道德教育出了问题。

婴幼儿时期是道德行为发展的一个重要时期,道德发展水平的高低将会对婴幼儿今后的生活、学习等各个方面产生重要的影响。婴幼儿在成长过程中,由于环境、教育以及同伴或者长辈的影响,容易习得一些不道德行为,而且在影响婴幼儿不道德行为形成的诸多因素中,父母的不良言行举止是最为主要的一个。著名教育家蔡元培先生曾经说过:"人生第一所学校是家庭,父母是孩子的第一任老师。"在进入学校接受系统教育以前,婴幼儿与父母相处时间最长,接触机会最多,对孩子的言行起着至关重要的示范作用。因此,要培养婴幼儿良好的道德品质,不仅需要学校教育、社会教育,更需要家庭道德教育。

心理解读

婴幼儿道德是随着他们认识能力、社会性发展和自我意识的发展而不断发展的。婴幼儿良好道德品质的养成需要按照婴幼儿道德发展规律,协调各方力量,运用各种方法,采用各种手段和措施,将社会道德规范转化成婴幼儿的道德意识,形成道德观念,激发道德情感,引导道德行为,从而促进婴幼儿道德水平的不断发展。

(一)婴幼儿道德发展的影响因素

1.家庭教育

家长是孩子的第一任老师,家庭教育对幼儿良好道德品质的形成起着至关重要的作用。家庭是婴幼儿道德观念、道德情感和道德行为塑造的天然环境,父母的一言一行、一举一动,甚至是一个眼神都会成为婴幼儿模仿的对象,对他们道德品质的养成产生深远的影响。一般来说,家庭对孩子道德发展的影响主要体现在两个方面:一方面,家庭具有显性影响。父母会自觉地、有意识地对孩子进行教育,使孩子养成良好的道德品质和健全的人格。例如,父母会直截了当地告诉孩子要懂礼貌、讲卫生、关爱他人等。另一方面,家庭具有隐性影响。家庭环境,包括父母的素质、教养、人格、生活态度和行为习惯等等,对孩子的道德观念、行为准则以及一些良好行为习惯的养成都会产生潜移默化的影响。例如,乱扔垃圾、说脏话等,不需要说教,一个动作、一句话就足以让婴幼儿模仿成瘾。

2.幼儿园教育

当幼儿离开家庭,离开父母,进入幼儿园以后,幼儿园就成了他们一天中活动时间最长的地方,也是能让他们学到最多东西的地方,小到一个行为动作,大到道德观的建立,都能在幼儿园的学习生活中逐渐形成并最终建立。在幼儿园里,所有人都成了幼儿学习的榜样,同伴、老师等等,如同家庭一样,无论这种榜样是好是坏,都会变成他们潜在的模仿对象。环境和教育方式的改变,使得幼儿园成了幼儿良好道德品质养成的主要场所。跟家庭教育一样,幼儿园对幼儿道德发展的影响也存在显性和隐性两个方面,不同的是,显性影响更为正式与直接。孩子在幼儿园时期接受的道德教育会影响其一生,正确的道德观念、良好的道德行为习惯都是在这个时候养成的。

3.社会环境

当今社会各种信息以容量大、传播速度快、生动形象以及复杂多变等特点呈现在人们的眼前,尤其是大众传媒,幼儿生活的社区环境等,这些信息能够丰富幼儿的道德认识,让幼儿接触到一些在幼儿园没有办法接触到的东西,从而帮助幼儿形成道德认识并产生道德行为。比如幼儿在电视中看到小男孩给妈妈洗脚,自己也会产生一种感恩的情感。但凡事都有两面性,对社会环境中的不良因素,婴幼儿缺乏全面、正确的认知能力,对新鲜事物充满好奇,接受能力强,很容易会形成错误的道德意识,习得不良的道德行为,这就需要社会尽可能提供积极的形象或信息,也需要家长和幼儿教师的监督和引导。

(二)促进婴幼儿道德发展的小小建议

1.注重家庭教育

(1)树立正确的育儿观

很多婴幼儿之所以存在许多不道德行为,在很大程度上与父母不正确的育儿观念有直接关系。孩子都是父母心中的宝贝,捧在手里怕掉了,含在嘴里怕化了。父母"舐犊情深"无可厚非,但是一味地溺爱,容易使婴幼儿形成"以自我为中心"的性格。父母担心孩子在学校或者其他地方"吃亏",出于爱与保护的初衷,对孩子进行一些看起来是为了孩子好,但实质不符合道德规范的一些说辞。例如,两个孩子发生了争吵甚至打架,自己的孩子受到了委屈,父母出于让孩子自卫的想法,于是告诉孩子,以后要是有其他小朋友欺负自己,就动手打回去。这种以暴制暴的教育方式虽然教会了孩子自我保护,但是并没有找到问题的根源并对症下药,孩子以后就容易产生暴力倾向。因此,父母要做到严慈相济,树立正确的育儿观,这样才能引导孩子道德健康发展。

(2)以身示范,为孩子树立良好的榜样

父母作为孩子最经常,也是最直接的模仿对象,应该意识到自己的一言一行都有可能对幼儿道德品质的形成、发展产生直接影响。现实生活中,父母喜欢说脏话的现象比较普遍,张口就来,而且自己可能也没意识到,直到从自己孩子口中听到同样言语的时候,才感到惊讶。其实幼儿可能并不知道大人们说的是什么意思,但是也会学着大人的口吻说出来。相反地,如果父母的言行都比较文明礼貌,用自身的模范行为影响孩子,为孩子树立良好榜样,让他们在耳濡目染、潜移默化中养成良好的道德习惯。

(3)注重沟通,尊重婴幼儿的主体地位

一般来说,溺爱与专制的教育方法都不利于婴幼儿的道德发展。教育的最佳方式是注重与教育对象的沟通交流。在婴幼儿家庭道德教育中亦是如此,父母以及其他家庭成员应当尊重孩子的主体性地位,信任他们、尊重他们、欣赏他们、鼓励他们,经常与他们沟通交流,才能知道他们小小的脑袋里面究竟装了些什么、在想些什么。需要注意的是,在沟通过程中要把握分寸,用孩子喜欢的方式进行沟通,多用赞美的语言,为孩子营造一种尊重与爱的环境,他们才能自动地、自觉地展现良好的道德行为。

2.注重幼儿园教育

(1)创造适宜的学习环境

良好的幼儿园环境能够促进幼儿良好道德品质的形成。因此,幼儿教师要结合幼儿道德发展的特点为他们创设良好的学习和生活环境,室内外环境的布置应该充分照顾幼儿德、智、体、美等方面的发展,幼儿能够在幼儿园感受到家庭般的温暖。例如桌椅、床铺的尺寸要适当,楼梯的台阶不能过高,水池的深度也要配合幼儿的身高,各种危险物品一定要小心保管等等。幼儿园的环境是幼儿教师培养幼儿道德认知的重要工具,让幼儿在良好的环境中潜移默化地受到启发。除此之外,幼儿教师要认真组织好幼儿一日常规活动,精心安排好幼儿每天的作息时间、道德教育、游戏活动等等,尽量让幼儿在丰富多彩、生动有趣的学习环境中健康成长。

(2)采用丰富多彩的教育方法

幼儿教师对幼儿的教育不能仅仅只停留在道德教育课堂上,应该将道德教育融入幼儿日常活动中。幼儿教师要善于把握时机,充分运用多种教育手段,促进幼儿健康成长。

游戏引导法。通过饲养小动物以及做日常清理工作的游戏,幼儿们会感受到劳动的辛苦,以此来培养他们对父母的感恩之情;通过模拟照顾玩具娃娃的游戏,培养他们的同情心和责任感。像这种通过各种拟人化的故事游戏,可以让幼儿通过亲身体验来培养道德情感,而且在游戏的过程当中,幼儿的注意力、想象力、纪律性等方面的能力也可以得到充分的发展。

榜样示范法。模仿是幼儿学习的特有方法,榜样就显得尤为重要。但是需要注意两点:首先,幼儿教师在选择榜样的过程中,一定要选择正面积极的榜样形象,并且要明确地告诉幼儿要向榜样学习什么品质、从什么地方学以及该怎样学;其次,榜样要贴近幼儿实际生活,形象具体,让幼儿觉得榜样就在身边,时时刻刻都在对其行为起引导示范作用。比如,自己班级里的道德行为好的孩子都可以成为幼儿学习模仿的榜样。最后,向榜样人物学习不是一朝一夕的事情,要坚持熏陶,把握时机,尽量把幼儿在情感上的仰慕转化为一种内在品质,最终转化为道德行为。

品德评价法。对幼儿的表扬、奖励、批评等都可以称作品德评价。品德评价具有强化作用,一般来说,积极评价引发好行为,消极评价制止不良行为。幼儿教师用表扬、奖励的方法可以让幼儿好的思想品德以及行为得到肯定,使幼儿明确自己的优点和长处,以引导和促进其品德朝着积极的方向发展。批评是对幼儿不良思想、行为给予的消极评价,能够达到让幼儿分清是非、善恶、美丑的效果,能够培养他们的荣誉感和羞耻心,从而停止不良道德行为。

(3)提高幼儿教师的职业道德素养

幼儿教师的职业道德主要包括热爱孩子、尊重家长、关心集体等。幼儿教师的职业道德素养会通过行为表现出来,进而影响幼儿的道德发展。例如,如果幼儿教师总是面带微笑,幼儿也会倾向于阳光、开朗;如果幼儿教师总是关心他人,幼儿也会富有同情心、乐于助人;如果幼儿教师总是言而有信,幼儿也会讲诚信。幼儿教师应该关心和尊重每一个幼儿,对待幼儿德育工作要有自觉性和责任感,要不断提高自身师德修养,努力提高专业素质。

3.严密把关大众传媒,传播正能量

大众传媒对幼儿道德发展的影响是双面的,既有积极的,也有消极的。大众传媒借助许多虚拟人物和事件,利用形象生动的画面对幼儿产生高强度的吸引力,可以丰富幼儿的想象力,开阔他们的视野,尤其是画面中人物的语言和行为动作都会给幼儿留下深刻的印象,并在生活中展现出来。幼儿教师应该选择一些积极、优秀、美感的人物和音像作品,供幼儿观看,尽量避免一些带有恐怖、暴力的内容展现在幼儿面前,以免对幼儿良好道德品质的形成和发展造成极为不利的影响。

4.家庭、学校、社会共建婴幼儿道德教育

幼儿园、家庭和社会是三个背景不同的环境,都对婴幼儿良好道德品质的养成产生重要影响。家庭、学校与社会之间要做到协调一致。如果幼儿园对幼儿进行正面教育,家庭则正好相反,社会也传播一些对孩子道德发展不利的内容,幼儿就会迷失方向,无法树立正确的道德观念。道德教育要全面、正确地实施,必须加强三者的联系,幼儿园可以定期召开家长会,及时传递信息,相互沟通,同时调动社会资源,比如组织尊老爱幼、参观博物馆、户外游览等文化活动。家长、教师为婴幼儿树立好榜样,社会环境进行巩固加强,三者形成合力,共同促进婴幼儿良好道德品质的形成。

心灵体验

小小垃圾大文明

① 啦啦啦，啦啦啦，我是卖报的小行家~

② 宝贝你为什么要乱丢垃圾呢？这样是坏习惯哦！

③ 应该把垃圾扔进垃圾桶里面。

④ 这样才是好孩子！

第十章　婴幼儿的性别角色

> **内容简介**
>
> 性别角色是个体社会化的重要内容。婴幼儿性别角色是其社会性发展的重要组成部分,在婴幼儿社会生活中具有重要作用。恰当的性别角色行为是婴幼儿心理发展正常的重要标志,是他们顺利进行社会交往的重要保证,也是社会关系和谐的重要体现。由于性别的差异,及受社会文化的影响,使婴幼儿会产生不同的性别角色。了解婴幼儿性别角色的发展阶段,正确看待婴幼儿性别角色发展差异,明确影响婴幼儿性别角色发展的影响因素对促进婴幼儿性别角色正常发展具有重要意义。

目录

一、"爸爸妈妈不一样?"——婴幼儿性别角色意识

二、"妈妈,我不可以玩小汽车吗?"——婴幼儿性别角色发展的差异

三、促进婴幼儿性别角色发展的小小方法

一、"爸爸妈妈不一样?"——婴幼儿性别角色意识

心理叙事

3岁的奥莉刚刚上幼儿园,是一个伶俐乖巧,活泼可爱,爱动脑筋孩子,经常

会问爸爸妈妈一些"稀奇古怪"的问题,比如"燕子为什么能在天上飞?""小蝌蚪有个小尾巴,我的小尾巴呢?"等等,经常搞得爸爸妈妈很难为情,不得不花一些时间去"补课"。今天是周六,爸爸妈妈不上班,都在家里陪奥莉。妈妈在给奥莉洗衣服,爸爸跟往常一样,穿着背心、短裤坐在垫子上陪奥莉玩动物拼图。玩拼图可是奥莉的强项,每次都拼得很快,这不,奥莉很快又把大象拼好了,而爸爸的长颈鹿还没有拼完,于是奥莉双手托着下巴看着对面的爸爸拼。"我完成了,耶!"爸爸抬头看着奥莉说,结果发现奥莉表情凝重,好像在思考什么东西。于是爸爸问奥莉:"宝贝,你怎么了,看上去有点不'高兴'哦""没有。"奥莉回答说,"我有点好奇。""好奇什么。"爸爸面带微笑地问。"爸爸妈妈为什么不一样呢?"奥莉皱着眉头说。"那你说说看,爸爸妈妈哪里不一样了。"爸爸好奇地问。"嗯,爸爸嘴巴上有胡子,妈妈没有;爸爸头发短,妈妈头发长;爸爸站着小解,妈妈是蹲着的,我也是……还有幼儿园的男娃娃和女娃娃上厕所不一样?"奥莉一口气说了很多爸爸妈妈不一样的地方。"因为我是男的,你妈妈是女的。"爸爸随口说道。"男的,女的是什么意思?"奥莉接着问道。"男女是性别的分类。"爸爸面带疑惑地说道。"性别又是什么呢?""性别是,是,是……"爸爸不知道该如何回答奥莉的问题……

  从上述案例可以看出,奥莉的确是一个善于观察,爱动脑筋的孩子,通过观察发现了爸爸妈妈存在很多不一样的地方,但自己又不明白爸爸妈妈为什么不一样。爸爸的回答虽然解决了奥莉的一些困惑,但似乎并没有完全让奥莉明白为什么爸爸妈妈不一样。该案例中,奥莉的疑问反映了幼儿心理发展中的一个典型问题,即性别角色问题,虽然也出现了思维的逻辑性差,把男娃娃和女娃娃上厕所不一样放在了爸爸妈妈的思维逻辑中,但这不是问题的核心。奥莉最大的疑问就是性别角色问题。一般来说,婴幼儿在3岁左右开始具有初步的性别意识,知道男女是不一样的。奥莉正好处于婴幼儿性别意识的萌芽期,已经在前期生活的基础上,通过观察发现了爸爸妈妈有很多不一样的地方,但因为认识能力有限,加之自我意识发展水平低,直到3岁以后,才逐渐意识到男女是不一样的,有了初步的性别意识。针对这类问题,家长不妨顺着孩子的思路大方地给孩子讲解男女之间的差异,利用生活事件进行适时、适度的教育,让孩子学会保护自己,避免伤害。

总之,该案例反映了婴幼儿社会性发展中面临的性别角色问题,说明3岁左右的孩子已经开始具有了性别意识。随着年龄的增长,会进一步明白男女存在社会行为的不同,逐渐获得性别角色。家长和幼儿教师要了解婴幼儿性别角色的发展特点,从小培养他们的性别角色意识,明确男女之间的差异,为性别角色的正常发展奠定基础。

心理解读

促进婴幼儿性别角色的正常发展是每个家长和幼儿教师都应该关注的问题。性别角色不仅关系到孩子以后正常的社会交往、恋爱、婚姻以及家庭生活,还会影响其正常的心理发展。性别角色意识是婴幼儿时期性别角色发展的重要内容,性别角色发展是在性别角色意识的基础上逐渐发展起来的。虽然每个人的性别是由遗传基因决定的,但是性别角色意识的萌芽与发展却是后天教育的结果。家长和幼儿教师必须高度重视婴幼儿的性别角色意识发展,谨防性别角色错位。

(一)什么是性别角色意识

性别角色是人在社会化过程中由人的性别差异而带来的不同的心理特点或行为模式。例如,男性和女性都有各自典型的行为特征,体现在声音、外貌、穿着、举止等各方面都表现不一。这种性别角色差异,既有先天生理方面的,比如声音、身体形态等的差异,也有社会文化方面的,比如穿着、举止行为等的差异,其中,性别角色的社会性行为表现是性别角色的核心内容。在社会生活之中,人们对男性和女性的角色行为、所起的作用有着较为固定的期待。比如男性应当负责外出挣钱养家,女性应当负责在家操持家务。虽然随着时代的变迁,这样的角色刻板模式发生了一些变化,但在社会生活中依然存在。

性别角色意识是自我意识的重要内容之一,是对性别角色差异的觉知或认识,包括对生理性别的觉知和性别角色社会性期待方面的认识。一般来说,婴儿在2岁多就会产生性别意识的萌芽,但是这种意识还处于一个较为模糊的状态。随着社会性交往范围的扩大,自我意识的发展,到3岁左右,婴幼儿就有了比较清晰的性别意识。他们意识到爸爸妈妈是不一样的,自己与别人也是不一样的。因此家长可以利用孩子性别意识发展的关键期,开展适当的性别意识教育,促进孩子性别角色意识的健康发展。

(二)性别角色发展的理论

在人的一生发展中,男性和女性都会扮演不同的角色,发挥着不同的作用,这种性别角色是如何产生并持续发展的,是性别角色教育必须首先要弄清楚的问题。一般来说,性别角色产生与发展存在以下三个比较有代表性的观点。

生物学理论。该理论认为男女行为的性别角色差异是由男女生理上的可以感觉到的生物性差异造成的。例如,上述案例中,奥莉观察到爸爸妈妈不一样,男娃娃和女娃娃也不一样,比如面部形态、身体形态、生殖形态等方面的生物性差异使得男女具有性别角色差异。

心理发展理论。该理论认为人的发展是一系列前后相继的发展阶段组成的,性别角色是人发展到一定阶段产生的。例如,精神分析学家弗洛伊德认为,人的心理发展分为5个阶段:口唇期、肛门期、性蕾期、潜伏期和生殖期。在口唇期和肛门期,男孩和女孩的发展方式相同,而从性蕾期(大约3~6岁)开始,性别才开始出现分化,通过认同同性别父母的行为而获得性别角色,并通过"恋母情结"和"恋父情结"来分别说明男孩和女孩是如何获得性别角色的。在性蕾期阶段,男孩形成了"恋母情结",又称俄狄浦斯情结,是指男孩早期的性本能的投射对象是其母亲,他总想占据父亲的位置,与自己的父亲争夺母亲的关注和爱。可是自己年幼,父亲具有强大的魅力能量,无法与自己的父亲抗衡,于是他转而向自己的父亲学习,以吸引母亲的爱。男孩在成长过程中,认同了父亲的男性行为模式,将父亲的行为模式融入自己的男性角色行为模式中,并逐渐获得了对自己性别的认同,沿袭了父亲的男性行为模式,使自己逐渐成长为男人。而女孩在这个阶段则形成"恋父情结",又称厄勒克特拉情结,是指女孩亲父反母的复合情绪。同理,女孩子在其成长的过程中,为了获得父亲的青睐,而认同了母亲的女性行为模式,从而具有了女性行为模式,逐渐成长为女人。

社会学习理论。该理论认为性别角色是社会学习和强化的结果,例如,儿童通过模仿或者观察周围的性别角色模范来习得性别角色的理解。社会学习论的代表人物班杜拉提出,儿童的性别角色可以通过直接学习和间接学习(指观察和模仿同性别行为模式)来获得。直接学习就是儿童表现出适合本性别的行为时就受到奖励,而做出另外一种性别的行为时就受到惩罚,通过反复学习和强化,儿童获得社会期望的性别角色。例如:女孩蹲下小解会得到家人的表扬,而站着小解会遭到家人的阻止。在家长、他人和社会的直接强化下,儿童学会社会所期望的性别角色规范。间接学习就是儿童通过观察同性别的行为而获得性别角色,而且间接学习是儿童获得性别角色规范的主要途径。例如,男孩看到同伴都进入男厕所站着小解,于是也学会了想小解的时候要去男厕所,而且要站着小解。

这些理论都从不同的角度说明了性别角色是如何产生的,它们都有一定的合理性,但性别角色的发展是一个复杂而奇妙的心理行为发展过程,其获得往往受多种因素的影响,而非单一因素影响所致,生物学因素、心理发展因素和社会环境都对儿童的性别角色产生影响。

(三)婴幼儿性别角色意识发展的意义

每一个孩子的性别角色意识的正常发展对其成长都有深刻的意义和价值。

首先,性别角色意识是孩子对自身了解的启蒙,他们会形成基本的生理知识和自我保护意识,让孩子对自己有一个最基本的认知。

其次,性别角色意识关系到孩子日后正常的社会交往、恋爱、婚姻、家庭生活,还会影响其心理健康。

再次,性别意识养成是性教育的基础,为他们进入青春期后正确处理两性关系,以及人生幸福奠定健康的人格基础,使孩子养成健全的人格。尤其是在当今性教育不是很普遍的情况下,性别角色意识教育就显得更加必要。性别角色意识淡薄,甚至错位,往往会形成不健康的心理,影响正常的社会交往,尤其是异性交往。

(四)性别角色的发展

婴幼儿性别角色的发展主要包括性别意识的发展和性别角色规范或行为的发展,其中性别意识的发展主要是掌握性别概念,即生理性别上的男孩和女孩的差异,这是无法改变的;性别角色规范的发展主要是形成不同性别的心理模式和社会行为。例如,男孩勇敢,女孩温柔,男孩不能穿裙子,女孩可以抹口红等都是性别角色的不同心理模式和行为方式。不同年龄阶段的婴幼儿,其性别角色的行为表现是不一样的。

1.3~4岁幼儿性别角色意识发展

婴儿在很小的时候就可以分辨出男性和女性的不同。例如,3岁前婴儿可以根据照片分辨出哪些是男的,哪些是女的,但这种性别意识相对较为模糊,仅仅是对可以感觉的男女性别特征的认识。比如当问一个2岁零6个月的婴儿"妈妈是男孩还是女孩",孩子会清晰地表达出妈妈是女孩,爸爸是男孩,他们也很清楚自己的性别,知道自己是男孩还是女孩,但是他们对性别的认识只停留在基础认识上,他们还不能完全理解性别是不能改变的事实。3岁后,幼儿具有了性别意识,知道男孩和女孩是不一样的,并以男孩和女孩来表达自己的性别角色"优势",生理性别初步形成。例如,男孩和女孩在向别人说出自己的性别的时候,会很自豪地说,"我是男孩"或"我是女孩",显示出他们很满意他们的性别,说明这一阶段的幼儿已经具有了较为清晰的生理性别角色意识。

2.4~5岁幼儿性别角色社会性开始出现

随着认识水平提高,自我意识能力进一步增强,幼儿逐渐地认识到男女在穿着礼仪、言谈举止、性格特征上的性别角色差异,形成了初步的心理和社会行为上的性别角色差异,也就是所谓的心理性别和社会性别。比如当成人在幼儿面前呈现两个穿不同颜色衣服的玩偶,一个穿蓝色,一个穿粉色,问幼儿哪个玩偶会烧菜做饭洗衣服,哪个玩偶会修电视、换灯泡,几乎所有这一年龄段的幼儿都会选择蓝色玩偶修电视、换灯泡,而粉色玩偶做饭洗衣服。此外,这一阶段的幼儿生理性别稳定性逐渐发展,认识到自己的性别并不会因为年龄的增长而发生变化,这就增强和促进了幼儿对同性成人的心理认同和模仿,从而使得孩子的行为与其性别相适应。但这种认识还不是很坚定,例如,当男孩或女孩变换衣服和发型时,他们会认为性别也跟着发生了改变。

3.5~6岁幼儿性别角色更加完善

这一阶段的幼儿性别角色意识进一步增强,基本形成生理性别的恒常性,心理性别和社会性别意识都在不断丰富和发展。幼儿已经明白性别是不可改变的,它不会因为发型和服饰的改变就对应地改变了性别。心理性别和社会性别的角色规范进一步丰富和增强,出现了对性别角色认识的刻板性。他们认为违反性别角色行为是错误的,并会受到同伴的排斥。比如当一群男孩子在区域活动中玩孙悟空三打白骨精的游戏,但是其中有另外一个男孩在玩洋娃娃,这个时候那群男孩会对玩洋娃娃的男孩表示出不理解,并且纠正他,认为洋娃娃是小女孩才会玩的东西,男孩子就应该玩孙悟空;或者是当一个小女孩看到一群男孩在玩打雪仗的游戏,问小女孩愿不愿意跟男孩们一起玩,女孩会表现出拒绝的样子,认为只有男孩子才喜欢战斗,而且还会打人,所以不愿意跟男孩一起玩耍。

※ 心灵小结

1. 性别意识是自我意识的重要内容之一。一般来说,婴幼儿在2岁左右会产生模糊的性别意识,应该利用孩子性别意识发展的关键期,开展适当的性别意识教育。

2. 性别角色的发展是受多种因素影响的,主要包括生物性因素、心理发展因素和社会环境因素。

3. 性别角色意识发展能够帮助婴幼儿形成基本的生理知识和自我保护意识,有助于日后正常的社会交往和心理健康,奠定性教育的基础。

4. 3~4岁幼儿认同性别发展,产生了性别意识;4~5岁幼儿开始稳定生理性别意识,他们的心理性别意识和社会性别意识也初步产生;5~6岁幼儿生理性别意识基本稳定,心理和社会行为的性别角色意识进一步完善。

二、"妈妈,我不可以玩小汽车吗?"——婴幼儿性别角色发展的差异

◎ 心理叙事

最近有位宝妈向我们提出一个疑问,情况是这样的。

我家铃铛是个小女生，今年快4岁了，从小到大家里的玩具数不胜数，而且形式多样，有交通工具、毛绒玩偶、恐龙模型、球、拼图、串珠、过家家套装、工具台套装、医生套装、橡皮泥、音乐玩具……简直包罗万象，应有尽有了。但奇怪的是，亲戚朋友们送她最多的还是娃娃和毛绒玩具，哪怕她最爱的其实是车和恐龙。问他们为什么不送小汽车和恐龙，亲戚们就会回答："女孩子嘛，当然要送小女生都喜欢的玩具啦，如果铃铛是个小男孩儿，那我们肯定会送小汽车和机关枪啦。"所以我不禁觉得困惑，小女生就一定要玩毛绒玩具和洋娃娃吗？恐龙和小汽车是小男孩的专属玩具吗？

还有一个现象是这样，我每次带铃铛去商场里买玩具，导购都会直接把我们领到女孩专属玩具区，当然还是类似洋娃娃、过家家的玩具。铃铛想要看看男孩区的玩具，导购就会认为我们买男孩玩具是要送人的，就算不在这种男孩女孩玩具区域分明的商场里，很多玩具也都会有"女孩玩具"、"男孩玩具"的标签来表明谁最适合拥有这个玩具。

所以，让男孩玩女孩的玩具，女孩玩男孩的玩具，会对他们彼此有不好的影响吗？

上述案例中铃铛妈妈的疑问反映了日常生活中，社会对性别角色的一种刻板期待，过度强调"男女有别"了。也许这是一种潜意识的无意选择，或者是有意的，不可否认的是整个社会都在推动这一性别角色观念的形成。说明社会群体对个人的性别角色行为是有着一般的、共同的期待的。多数人的性别角色期待是男孩子会更加喜欢恐龙、小汽车，而女孩子更喜欢洋娃娃、毛绒玩具。家长也会不自觉地给男孩买蓝色衣服，给女孩穿粉红色衣服，用一般的性别角色规范来引导孩子的性别角色教育，这就是性别的刻板印象。从出生起孩子就在现实生活中接受过无数的性别线索和暗示：广告中传递的刻板性别印象，其他人的鼓励或劝阻的话语，表达方式或身体语言，玩具店和商品包装，电影电视等等。但是，孩子的玩具真的应该分性别吗？

其实随着社会的发展，越来越多的人开始意识到给玩具分性别是一种时代的倒退，英国一个叫"Let Toys Be Toys"（让玩具回归玩具）的活动也在倡导销售商们不要在玩具和书上用标签区分男女，2015年Target百货公司便宣布去除儿童玩具的性别标签，同年亚马逊也取消了玩具下的性别分类。玩具商"Wonder crew"的建立初衷就是为孩子设计他们喜爱的娃娃。

也有人担心玩具的性别分化会给孩子发展带来不良影响,这种担忧也不无道理。玩具的首要功能是挖掘孩子心理发展的潜能,性别区分是次要的功能。因为不同的玩具对孩子的认知技能和学习都有不同的作用,比如洋娃娃、毛绒玩具可以给孩子安全感,训练他们的语言表达,培养他们的同理心,教会他们如何照顾别人;乐高、积木、磁力片能够培养孩子空间识别能力、动手能力和创造力;滑板车、球类等能帮助提高孩子运动能力,增强他们的胆量和自信;角色扮演玩具能够帮助孩子进行职业体验并提高社交能力……因为性别而限制孩子选择玩具类型就是限制了孩子发展的内在潜能。

事实上,只要能让孩子感兴趣,并对孩子心理发展有帮助的玩具,就是好玩具,其他因素并不重要。孩子将来的性格取向,关键要靠家长正确引导,和玩什么类型的玩具没太大关系。而且现在社会发展更加复杂多样,各行各业中都有不同性别的人。因此,建议家长给孩子挑选玩具时别过度将其"性别化",更不要代替孩子挑选。无论男孩女孩,都不要只给他们玩单一类型的玩具,不同类别的玩具可以开发孩子大脑的不同功能,为左右脑带来不一样的刺激,应以多样化为宜。

心理解读

性别角色差异在任何社会和民族中都是客观存在的,主要体现在性别角色发展上的差异(前已阐述)、性别角色类别上的差异。造成性别角色发展差异的原因也是多种多样。作为家长和幼儿教师必须了解这些性别角色差异及其影响因素,才能开展相应的教育措施,培养婴幼儿健康的性别角色规范。

(一)婴幼儿的性别角色差异

上述案例说明了玩具选择存在性别角色的差异,实际上,生活中处处存在着性别角色差异,不仅仅是玩具选择,还表现在言语能力、认知发展、个性特征,社会行为等方面。

1. 言语能力方面

从婴儿学会说话开始,言语的性别差异就出现了。一般来说,女孩在言语能力上占据一定的优势,并且这种优势会一直持续到青春期,甚至终生,这种性别差异主要表现在说话时间、词汇量、言语理解和言语创造性等方面。例如,女孩开口说话的时间要比男孩早一些,同样,女孩的词汇量和言语理解能力以及创造方面也比男孩要强一些,进入幼儿园初期,这种差异会更加明显,但幼儿晚期的时候,这种差异会缩小。但也有一些男孩的言语能力比一般的女孩强,比如在言语推理和操作方面。婴幼儿言语能力的性别角色差异也能很好地说明了长大后为什么学习语言的或者学文的大部分是女孩。

2. 空间、数学能力方面

在空间能力上的性别差异从幼儿早期就出现了。一般来说,男孩的空间能力普遍优于女孩,并且这种优势也会延续终生。由于数学能力与空间能力密切相关,因此,男孩的数学能力也是普遍好于女孩。例如,在拼图游戏上,男孩往往玩得更有兴趣,完成速度也更快;在数学逻辑推理、几何计算方面,男孩比女孩更有优势。但这种差异在婴幼儿阶段不是特别突出,到了青春期,这种差异就比较明显了。现实中也存在有些女孩的数学、空间能力比一般男孩强,比如,数学计算、形象推理等,这也能说明了长大后为什么学习数学或学习理工科的大部分是男孩。

3. 侵犯行为方面

在侵犯他人方面的性别角色差异在幼儿期也开始出现了,通常是男孩表现出更多的行为和言语攻击性。例如,男孩之间的玩乐经常以打闹、争执玩具、大声叫喊为主,而女孩之间的交流则更多的是通过规则来协调矛盾,所以女孩子之间的相处是十分"乖巧"的,而且她们更倾向于合作性游戏活动。

4. 温顺和依赖方面

在性格特征方面幼儿也会表现出一些性别角色差异。一般来说,对于成人和同伴的要求或安排,女孩子往往会更加顺从和听话,她们更倾向于向家长和老师寻求帮助,而男孩相对更独立果敢,他们的支配性和独断性更强。在和同伴的交往过程中,男孩更倾向于寻找比自己年龄大的孩子玩耍,并尝试和大孩子进行比赛,而女孩则偏向于找比自己年龄小的孩子玩,并且主动为他们提供关心和照顾。

5.情绪敏感性方面

在情绪情感方面,幼儿的性别角色差异也比较明显。相对来说,女孩是更加有效的信息传递者和接受者,并且她们的同情心、责任感比男孩更高,女孩子在亲社会行为方面的优势以及在亲切和体贴方面表现得更好,简单来说就是女孩子更加善解人意、温柔体贴,但是在帮助他人的行为方面男孩子要强于女孩子。

(二)婴幼儿性别角色差异的影响因素

婴幼儿性别角色的差异表现在很多方面,但这种差异并不是出生后就存在的,而是在后天环境的影响下逐渐形成和发展起来的。

1.家庭方面

都说父母是孩子的启蒙老师,这种启蒙作用也表现在对孩子性别角色的塑造上。父母的每一个行为都是孩子学习的榜样,对孩子的发展起着潜移默化的影响。因此,父母的性别角色意识对孩子的影响不仅是最早的,也是最深刻的。一般来说,父母能够正确对待性别角色,也能恰当地展现性别角色行为,在日常生活中会不自觉地将这种性别角色意识传递给孩子,从而达到了潜在教育的效果。例如,得体的穿着、好的如厕习惯等。父母除了对不同性别的子女抱有不同的期望之外,在对待孩子的方式上也是有所区别的。比如爸爸在对待儿子的时候会更加严苛,认为这样才能造就小男孩勇敢刚毅的性格;而在对待小女孩的时候态度是小心翼翼、温柔体贴的,这和小女孩应该形成的安静文雅的人格特征有关。此外,父母的教育观念也会影响孩子的性别角色发展取向,例如,"重男轻女"的思想,会造成男孩在家庭中的地位更高,女孩从小就会产生自卑感。

2.同伴影响

同伴关系的快速发展大多是在3岁以后,这一年龄段幼儿已经拥有正常的人际沟通交往能力,接触到更广泛的世界。年龄相仿的幼儿之间拥有共同的兴趣爱好,比如玩具、游戏等。当孩子们能够按照传统社会的性别角色行事,就更容易能被同伴们所接受,反之则会遭到孤立、排斥。即男孩男性化,女孩女性化会更容易融入群体,获得归属感、安全感;而男孩女性化,女孩男性化,就是出现性别角色偏差,往往会遭到同性群体的排斥。例如,一个男孩胆小怕事、性格腼腆、文雅安静就会被同伴认为是小女孩一样扭扭捏捏的姿态,很有可能他就会遭到其他小男孩的忽视。随着年龄的增长,同伴关系的影响力越来越大,甚至可能会超过父母和教师的影响,因为他们在心理发展上是最近的,容易"打成一片"。

3.学校教育方面

不可否认的是,教师对幼儿性别角色规范的形成具有至关重要的影响,在这一点上,教师的地位和作用丝毫不亚于父母。这种影响能够从不同方面促进两性幼儿角色的分化。首先是教师的性别角色认知会对幼儿的发展起着较大影响,不管是小班幼儿还是大班幼儿,教师本身的态度就会潜移默化地传输给幼儿。受传统社会性别角色的影响,教师更多地会鼓励男孩要有探索、坚强的精神,而更多地培养女孩文静、乖巧的性格。教师通过自己的日常行为、教学活动和游戏活动等深刻影响着幼儿性别角色规范的选择和认定。其次,学校教材中的人物角色的塑造实际上为幼儿提供了一套现成的社会化模式,它对幼儿性别角色的发展起着不可估量的作用。比如现行的学校绘本、教学资料中充满着优秀的性别角色形象,从父母到社会各行各业,如警察、医生、消防员等,更多地体现着社会生活中人的优秀品质,让幼儿从小就能体会到性别角色的差异及其各自的优势。例如《我爸爸》《我是谁》《你是我最好的朋友》《不能弄湿脚的青蛙女王》《我的妈妈真麻烦》等等都是一些启蒙孩子性别角色和自我意识的优秀绘本。

4.大众传媒文化方面

随着信息技术发展,大众传媒对孩子的影响已经渗透到各个方面,其中也包括婴幼儿性别角色的定位。一般来说,大众传媒中塑造的性别角色会影响孩子性别角色的发展。如前所述,社会学习是儿童获得性别角色的重要途径,孩子通过观察动画片,就会对其中的性别角色行为和规范产生认同,进而在合适的生活情境中再现出来。比如《熊出没》中,有各种各样的社会角色,包括熊大、熊二、光头强和赵琳等,每个角色都很鲜明,都会影响孩子的性别角色的认同,赵琳虽为女性,但喜欢探险,一个女孩喜欢探险,就足以引起孩子学习模仿。

此外，社会文化对男女有着固定的性别期待，在这样的社会认同背景下，男孩子从小就被教育要学好数理化，从事脑力钻研活动，所以相对应他们的逻辑推演能力就比较强，在空间认知方面也比女孩强；女孩由于性格和思维的特点，从小被教育要学好文学，所以其形象思维比较丰富，相对地，抽象逻辑思维就弱一些，在空间能力上也弱一点。

总之性别角色是后天形成的，是多种因素综合作用的结果。在婴幼儿性别角色发展的过程中，既要发挥每个因素的积极作用，也要关注各因素之间的相互联系与协调一致，以确保婴幼儿性别角色得到正常发展，避免角色偏差或错位，影响他们的心理健康。

❋ 心灵小结

1. 性别角色差异主要体现在性别角色发展及性别角色类别上。家长应该了解造成差异的因素，采取相应教育措施。

2. 婴幼儿的性别角色差异在生活中处处可见，其表现有很多方面，主要包括：言语能力、空间和数学能力、个性特征、情绪情感和社会行为等。

3. 婴幼儿性别角色的差异不是天生存在的，而是在后天环境的影响下逐渐形成和发展起来的。影响因素主要来源是：家庭父母的启蒙、同伴关系的发展、学校教育中教师对幼儿性别角色的规范和社会大众传媒中塑造的性别角色。

三、促进婴幼儿性别角色发展的小小方法

❀ 心理叙事

1. 幼儿时期男孩和女孩可以同厕吗

女儿刚上幼儿园，已经有一个多月了。最近回到家里总是会站着尿尿，她还会喊着我说："妈妈，你看我尿尿呢。"我跟她说女孩子不可以那样尿尿的，她给我的回答是："可是浩浩和奇奇他们都是这样站着尿尿的呀。"然后我才知道，

幼儿园的厕所是男生和女生一起用的,平时在家里我都会告诉她女孩子的私密部位是不能给别人看的。但是在幼儿园里,我感觉小男孩可以很轻松地看到我女儿的私密部位,我还是有些介意的,在和幼儿园老师沟通后,老师告诉我因为受到空间和资金的限制,暂时还没办法实现男女分厕,所以我还是挺担心这样的情况会不会对孩子的成长造成不好的影响。

上述案例中是来自一位母亲的担忧,那么幼儿阶段的男孩和女孩到底能不能同厕呢?其实幼儿园是否需要男女分厕一直是一个非常有争议的话题,国内外到现在都没有达成共识。有些人主张男女分厕,因为男女分厕可以从小培养孩子"男女有别"的意识,让孩子明确知道自己是男孩还是女孩,在尊重孩子的隐私和个性的同时,也有助于培养孩子的性别意识和自我保护意识。也有些人反对男女分厕,理由是3~5岁的幼儿,其人格、性别同一性、道德良心已经形成,他们有一定的自控力来获得机会去看到生殖器是什么样子的,幼儿园男女同厕正好为幼儿提供了一种最自然的方式去了解男女身体特征的差异,满足他们的好奇心。

幼儿园男女是否分厕,不能一概而论,要综合考虑。一般来说,幼儿在5岁左右性别意识就比较清楚了,但是伴随着现代生活水平的提高和早期家庭教育的重视,婴幼儿的身心成熟较早,很多孩子在三四岁的时候已经有了比较清晰的性别意识,他们会对异性的身体很感兴趣。但是这种兴趣不能认为是"邪恶",也不能用道德规范来加以评判,可能就是由好奇产生的一种探索而已。但从人权的角度来看,小孩也是人,也有人权和尊严,尤其是隐私权,也是不能轻易侵犯的。好奇不是错,但不能成为犯错的理由。现实生活中,条件允许的幼儿园可以建设男女厕所,条件不允许的,可以让男女分开上厕所,教师规定一个先后顺序,这样也能有效避免上述案例中母亲的担心。但与此同时,生活不是绝对的,总会有不一样的情况发生,这就需要家长及时对孩子进行性教育,让孩子提前认识性别差异,懂得尊重别人的隐私,促进性别角色的健康发展。

2.孩子还小,应该进行性教育吗

已经3岁的莉莉和飞飞是表姐弟的关系,他们的生日也就差了不过一个星期。有一天,飞飞来家里玩,妈妈让他们两个一起洗澡,莉莉在浴室玩水的时候看到了飞飞的"小鸡鸡",于是再看看自己的,有点纳闷,她湿漉漉地跑出去奔向了妈妈,表情很委屈地问道:"妈妈,我比飞飞还大一点儿呢,为什么他的那个已经长出来了,但是我的还没有呢?"妈妈听完后哭笑不得,不知道怎么跟莉莉解释这个问题。

隔壁家的豆豆妈也遇到了类似的问题,豆豆在幼儿园一直都表现得很乖,但是最近老师跟豆豆妈反映豆豆在幼儿园欺负小女生,妈妈跟老师讨论过才知道,豆豆最近总爱偷看小女生上厕所,跟小女生一起玩游戏的时候还总想掀开小女生的裙子。妈妈听了之后非常担心,是不是豆豆有道德上的问题呢?

案例中两位母亲都不知道该如何应对孩子出现的性别差异问题。第一个小朋友莉莉还处于对性别的认同和模糊认识阶段,她还没能形成对男女生理构造不同的认识,所以才会有这样的想法。这个时候妈妈就不知道该如何解释这个问题了,说明在之前的家庭教育过程中还没有涉及生理性别构造的教育。随着孩子年龄的增长,对性别的疑问会越来越多。"为什么男孩可以站着尿尿,小女孩就不可以?""我是从哪里来的?"等等一系列疑问,都让性别教育不可逃避。

对于第二个小男生豆豆来说,是不是真的道德有问题呢?答案是否定的,这一阶段,孩子的行为问题都不应该归类于道德问题,因为他们的道德品质发展较晚,大多还是属于表面的行为问题。豆豆之所以想去了解女孩的生理构造,是因为他发现了男孩和女孩的不同,但是他不知道为什么,所以他出于好奇心理去探索,并没有给同伴带来伤害。换句话说,行为背后的好奇是童真。这个时候家长和教师不应该认为豆豆是有道德问题的,而是大方地跟豆豆沟通,用孩子能够理解的语言,说明男女生理构造的不同,解开豆豆的疑惑,这样时间久了,豆豆自然就会放弃这个"探索"。但是如果家长和教师都对此避而不谈,觉得不好意思或是责怪豆豆,就会让豆豆产生误解,形成错误的认知,认为这样是不对的,是不能让别人知道的,这会影响其以后的心理发展。

心理解读

(一)性别教育的必要性

中国传统文化源远流长,但有很多文化比较含蓄,例如,"性"是含蓄的,不能被公然提及的。但近几年出现的幼儿园性侵事件,让万千家长倍感担忧。与此同时，欧美"性自由""性解放"的思想也向我们涌来，传统和新潮之间的碰撞，出现了一系列的社会问题。性教育已经不再是含蓄的了，关于性教育的话题也越来越多，对婴幼儿进行性教育已经是十分必要的事情了。

1.实施性教育符合幼儿发展需求

当孩子成长到一定阶段，会出现对性别的好奇和探索，开始对别人的生理构造感兴趣，这是孩子性观念、性意识形成的关键阶段。一般来说，5岁以前是性意识形成的关键期。那么在这个关键阶段，及时对孩子们进行恰当的性教育，让孩子明白生理性别的不同，就会帮助他们很快度过性敏感期，避免因认识不足而导致日后心理发展的异常状况。因此对幼儿进行恰当的性教育是符合幼儿发展需求和身心发展规律的。

2.当代社会要求对幼儿实施性教育

互联网信息化时代的到来，让我们与世界接轨。经济的发展使人的物欲极度膨胀，在欲望的驱使下有些人越出了道德的底线，埋没了良心。频频发生的幼儿性侵事件引起我们的重视。在很多性侵的案例当中，让人惊讶的是很多孩子根本不知道这种性侵行为意味着什么，也不知道这是错误的行为，当它发生的时候也不会主动跟家长说。但实际造成的心理伤害和阴影已经无法挽回，因此非常有必要让孩子们知道性器官的私密性及其意义，让他们形成关于性的正确认识，在家长不在身边时，能懂得保护自己，避免侵害，这才是性教育的应有之道。

3.良好的性教育是保障孩子未来生活幸福的基石

在很多的性侵事件中，大多数性侵实施者在童年时代都没有受到正确的性教育，他们对性的认知不足，产生了错误的性观念，这种观念维持到成年，并且爆发。所以幼年时期进行恰当的性教育，不仅能保护自己，同时也是在保护别人，从而为他们成年后美好的生活打下坚实的基础。

拓展阅读

婴幼儿性教育的三个关键期

性教育第一个关键期:朦胧期

年龄阶段:1岁~2岁

典型特征:发现性别区分

一般从1~2岁开始,孩子就会注意到男、女身体上的区别。随着语言能力的发展,2~3岁的孩子就会提出一些令成人十分尴尬的问题,诸如"妹妹为什么没有那个'小鸡鸡'?""我从哪里生出来的?"他们还可能会对自己排出的粪便很感兴趣,如果这个时期孩子受到心理挫折,会在后来性心理发展过程中(直至成年)遭遇到心理挫折。这个时期是训练孩子如厕的大好时期,但是一定要讲究方式方法,以免孩子对自己的身体产生不正确的认识,形成畸形的性压抑心理。

性教育第二个关键期:性蕾期

年龄阶段:2岁~4岁

典型特征:产生性别好奇

孩子在2~4岁时进入性蕾期,这一时期的性教育是今后性成熟的基础。不少孩子在2岁左右开始玩弄自己的生殖器,这是他们的一种性游戏。也有的孩子玩生殖器的时间更早些。遇到这样的情况,父母千万不要苛责孩子。

性教育第三个关键期:依恋期

年龄阶段:4岁~6岁

典型特征:开始产生"恋父""恋母"情节

这个时期的孩子开始他"恋",第一个目标是他的异性亲长,又名恋母(恋父)情结。这种情结在儿童性心理发展过程中是普遍存在的,被压抑于潜意识内,以后不但可表现为恋上长者,而且还可能成为各类精神疾病(包括神经症、精神分裂症与内源性抑郁症)及其症状表现的心理根源。

(二)如何增强婴幼儿性别角色发展

幼儿期是婴幼儿性别认知发展的关键期,科学有效地开展幼儿性教育对于幼儿形成正确的性别角色意识,展现恰当的性别角色行为,实现身心健康发展具有重要意义。

1.转变传统的性教育观念,明确幼儿性教育的重要性

实施幼儿性教育,首先要转变观念,充分认识到幼儿性教育的意义和必要性。对幼儿进行性教育,目的是帮助他们掌握科学的性知识,促进身心健康。由于幼儿在成长过程中不可能自发地理解性现象,对性不可能"无师自通",他们对性又特别好奇,所以早期性教育很有必要。

2.针对不同年龄、不同性格特点的幼儿实施性教育

性教育内容的确定要符合儿童的年龄特点。幼儿期是生理性别恒常性发展的关键时期。也就是说,知道自己是男性或女性,性别不会因年龄、服饰、活动的改变而改变。性教育的主要内容是让孩子认识自己的性别,并初步进入性别角色,同时在幼儿后期要教给孩子性卫生的基本知识,学会保持性器官的卫生,知道如何保护自己,树立自尊、自爱的意识,而对于心理模式和社会行为的性别角色教育可以延后,否则可能会导致性别角色混乱。

3.加强家长性教育观念和方法的引导

家长是实施婴幼儿性教育的关键力量,他们的思想观念和方式方法直接影响幼儿性教育的质量。

(1)首先要面对现实,而不是回避问题。"食色乃人之本性",是孩子青春期发育之后必然面临的问题。随着孩子身体的成熟,他自然要了解性的奥秘和性的知识。如果他不能从家长这儿探听到,他就会从其他途径得到,如从书本上、电影上,甚至在街上等,哪个途径更为可靠、准确呢?答案是显而易见的。作为父母,当然是孩子心中的偶像,也是孩子最信任的人,所以当孩子向家长打听性的问题时,家长应早有准备,抓住这一宝贵的机会对孩子开展性教育工作。

(2)利用生活事件进行适时、适度的教育。家长应当简洁、科学地叙述两性吸引的道理,如实解答生育之谜。面对孩子的性提问,既不可掩饰应付,欺骗孩子,更不可斥责孩子。

(3)以平和的心态对待幼儿的性好奇心,顺其自然地进行教育。如果对孩子的性好奇心加以严厉斥责,则会导致孩子从别处满足好奇心。很多青少年就是通过非正常渠道获取了经过夸大、感官化的性描写而走上了犯罪道路。身为父母,有责任将性的知识传授给孩子。

4.加强对幼儿教师性知识教育的培训力度

幼儿教师是实施幼儿性教育的重要力量,他们的素质高低也会影响幼儿性教育的效果。

(1)要加强对在校学前师范生性教育的培养。学前师范生是否具备实施幼儿性教育的正确的态度和能力,对于幼儿性教育的有效开展也很重要,确保学前师范生学习正确、系统的性科学基础知识,培养具有实施幼儿性教育的积极态度和能力,比如开设《人体解剖生理学》课程。

(2)国家要注重对幼儿性教育专职师资的培养。这也是保障幼儿性教育长久有效开展的重要途径,而且通过社会机构、教育机构等对现有师资进行培训指导,能帮助教师能够更科学地进行幼儿性教育。

5.尊重幼儿隐私,保证幼儿身心健康

从新生命开始的那一刻起,孩子就有了性别差异。无论是男孩还是女孩,家长应该尊重孩子的性别,培养孩子被社会认可或期待的性别角色规范和性别行为。在他们成长的过程中,教育他们认识到男女有别,尊重自己和他人的隐私,学会保护自己,保护他人。

6.家园密切合作,多渠道实施幼儿性教育

家长与幼儿园紧密合作是幼儿性教育工作顺利进行的重要保证。家长与幼儿园坚持性教育一致性原则,及时沟通、交流信息,做到家园互补。幼儿性教育也应该通过家庭、幼儿园、社会教育机构、医疗卫生保健机构、社会媒体等多种渠道开展,同时出版一些针对教师、家长和幼儿的科学规范的性教育科普读物,让教师、家长多得到一些科学的指导,让幼儿多一条可以了解自己的途径。

性教育在儿童的成长中占据着十分重要的地位。每位教育者,特别是为人父母者,都必须增强性教育意识,树立正确的性教育观。此外,家园也要密切合作,共同努力,用科学的方法、真诚的态度向儿童传授性知识,保障每一个幼儿都能健康快乐地成长。

心灵体验

我从哪里来

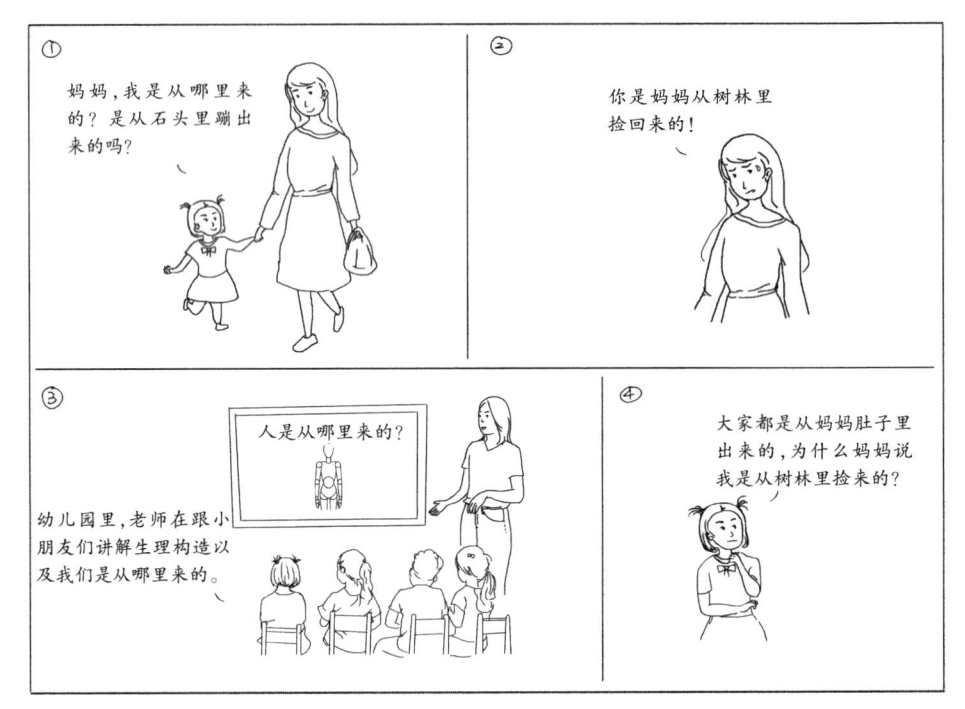

① 妈妈,我是从哪里来的?是从石头里蹦出来的吗?

② 你是妈妈从树林里捡回来的!

③ 幼儿园里,老师在跟小朋友们讲解生理构造以及我们是从哪里来的。

人是从哪里来的?

④ 大家都是从妈妈肚子里出来的,为什么妈妈说我是从树林里捡来的?

第十一章　婴幼儿的个性发展

内容简介

　　个性是一个人独特的、相对稳定的心理倾向和心理特征的总和,包括需要、兴趣、价值观、能力、气质、性格和自我意识等。婴幼儿出生后就有个性的差异,这些差异在后天环境的影响下,不断发展变化着,有些变强了,有些发生了改变。个性的养成不是一下子完成的,而是一个从不稳定到稳定,由弱到强的发展变化过程。婴幼儿时期是个性萌芽和初步形成的重要时期,是后期个性突显和健康发展的基础。了解婴幼儿时期个性差异及其发展的特点,有助于尊重婴幼儿的个性,开展相应的教育,促进他们个性的全面发展。

目录

一、我是谁——婴幼儿自我意识的发展

二、小身体大能量——婴幼儿能力的发展

三、活泼还是安静——婴幼儿性格和气质的发展

四、培养婴幼儿个性的小小建议

一、我是谁——婴幼儿自我意识的发展

心理叙事

王阿姨的侄子乐乐今年2岁零6个月了,非常可爱。因为工作的原因,平时很少有时间聚在一起,所以一有空王阿姨就会专门回家去看看她的侄子,每次回家都会感受到侄子有着不小的变化。这次暑假回家,王阿姨又见到了可爱的小侄子,但是这次给王阿姨的感觉是他们俩的关系变得"疏远"了。

以前回家,侄子看见姑姑来了总会开开心心的,主动地想要姑姑抱他,愿意被姑姑牵着抱着到处遛达遛达;会主动把糖果递给姑姑让她剥糖果喂到他的嘴里;还会听从姑姑的"指示"做一些事情……可是这次回去,每次当姑姑试图牵着乐乐的手准备去溜达时,乐乐总是表现出一副不情愿的样子,不过只要姑姑不牵着他的手,他也会围着姑姑左一声"姑姑好",右一声"姑姑好",即使跌倒了自己也会乐呵呵地爬起来;看见姑姑正准备剥糖果喂他时,他没有张开嘴想要吃的意思,却说:"我会,我要剥。"到了中午吃饭的时候,姑姑准备去喂他,他一点也不想吃,后来让他自己动手吃却真的吃下去了。姑姑通过与乐乐妈妈的沟通发现,乐乐这段时间变化挺大的,差不多有半年的时间了,喜欢自己做自己的事情,喜欢发表自己的意见,渐渐不喜欢大人们的"插手",像个小大人似的,不过在某些方面还会有一些"不好"的地方,比如吃饭把饭撒到衣服上面,跑起步来摇摇晃晃经常跌倒,说话也会经常说错音等等。

在上面的案例中,可以看出之前的乐乐愿意听从姑姑的安排,但是之后乐乐不太愿意听从大人的安排,拥有自己的小主见了,大多数情况下喜欢自己动手体验。这说明2岁6个月的乐乐已经有了清晰的自我意识,语言和动作能力发展是非常迅速的,爱说话,爱动手探索,想要主动地表达自己的想法,学会用代词"我"来表达自己的需求,这是自我意识发展成熟的标志,表明乐乐已经把自己当作一个主体的人来认识。随着自我意识的形成,乐乐独立性也变得更强,凡事都要自己"亲自动手",但因为身体机能还处于发展完善中,所以有些行为还做得不够好,需要后天教育继续完善。

总之,婴幼儿的自我意识并不是与生俱来的,而是在后天生活和教育的影响下逐渐形成和发展起来的。相对于其他个性发展来看,自我意识发展是个性发展中最先完成的,一般到3岁左右,婴幼儿就有了非常清晰的自我意识。作为家长,需要认真观察,捕捉孩子自我意识发展的信号,采取相应的教育措施,促进婴幼儿自我意识正常发展。

心理解读

自我意识是人对自己的身心状态以及自己同客观世界关系的认识,是个性结构的重要组成部分,也是意识的一个层面,例如,自我感觉、自我监控、自我体验、自信心、自制力等都是自我意识。自我意识主要是由自我认识、自我体验和自我调节三个成分组成,这三个成分缺一不可,其中每个成分在婴幼儿特定的年龄阶段都有自己的发展特点和具体表现,家长和教师需要了解婴幼儿自我意识的结构及其发展特点,采取针对性的教育措施,促进他们自我意识的正常发展。

(一)婴幼儿自我意识的结构

自我意识的结构包括知、情、意三个部分,分别是自我认识、自我体验和自我调节。

1.自我认识

自我认识是自我意识认知方面的表现,它又包括自我感觉、自我概念、自我观察、自我分析和自我评价等。自我感觉是对自己与周围世界关系的反映,比如婴儿知道自己用手捏一下玩具鸭,它会发出"嘎嘎"的声音,感觉到自己是能操控玩具的,感受到自我的力量。自我分析就是对自我状况的一个反思。比如幼儿做错一件事,妈妈要求他反思一下自己到底错在哪里,这个过程就是一个自我分析的过程。自我评价就是对自己能力、品质等方面社会价值的评估,它最能反映一个婴幼儿自我认识发展的水平。例如,自己可以控制皮球的运动方向,能够把积木搭建起来,就会觉得自己很棒。

2.自我体验

自我体验是自我意识在情感方面的表现,主要包括自尊心和自信心。自尊心是指个体在社会活动中获得有关自我价值的积极评价和体验,一般来说,自尊心强的孩子往往对自己的评价都比较好,自尊心不强的孩子通常遇到一些事情就会自暴自弃。例如,婴儿能控制皮球的运动方向,会很高兴,产生"自豪感",就会觉得自己很棒。自信心是指个体对于自己的能力是否能够完成某项任务的自我体验,自信心强的孩子面对稍有困难的任务,一般会进行积极的自我暗示,克服困难,争取完成任务;相反,缺乏自信的孩子面对困难时往往会唯唯诺诺,自我怀疑,容易产生放弃的心理。例如,刚刚学会走路的孩子,经常会摔倒,摔倒后,爸爸想帮忙,但孩子会推开爸爸的手,自己用手撑地,努力想自己站起来,这就是自信心的体现。

3. 自我调节

自我调节是自我意识在意志方面的表现。自我调节是指个体对自己行为、活动和态度的调控,主要包括自我检查、自我监督、自我控制等。自我检查是指将自己的活动结果与目标的活动结果进行对照的过程,就像婴幼儿根据一定的情境,适当地表现某种动作。自我监督是指一个人有着一定的行为准则,并用其监督自己的言行,有时候婴幼儿因为自己的"坚守"不会去做一些不好的事情。自我控制是对自己身心活动的主动掌握,著名的"延迟满足"实验就是锻炼婴幼儿的自我控制能力。

拓展阅读

延迟满足实验

20世纪60年代,美国斯坦福大学心理学教授沃尔特·米歇尔(Walter Mischel)设计了一个著名的关于"延迟满足"的实验,这个实验是在斯坦福大学校园里的一间幼儿园开始的。研究人员找来数十名儿童,让他们每个人单独待在一个只有一张桌子和一把椅子的小房间里,桌子上的托盘里有这些儿童爱吃的东西——棉花糖、曲奇或是饼干棒。研究人员告诉他们可以马上吃掉棉花糖,或者等研究人员回来时再吃还可以再得到一颗棉花糖作为奖励。他们还可以按响桌子上的铃,研究人员听到铃声会马上返回。对这些孩子们来说,实验的过程颇为难熬。有的孩子为了不去看那诱惑人的棉花糖而捂住眼睛或是背转身体,还有一些孩子开始做一些小动作——踢桌子,拉自己的辫子,有的甚至用手去打棉花糖。结果,大多数的孩子坚持不到三分钟就放弃了。一些孩子甚至没有按铃就直接把糖吃掉了,另一些则盯着桌上的棉花糖,半分钟后按了铃。大约三分之一的孩子成功延迟了自己对棉花糖的欲望,他们等到研究人员回来兑现了奖励,差不多有15分钟的时间。

研究人员在十几年以后再考察当年那些孩子现在的表现,研究发现,那些能够为获得更多的软糖而等待更久的孩子要比那些缺乏耐心的孩子更容易获得成功,他们的学习成绩要相对好一些。在后来的几十年的跟踪观察中,发现有耐心的孩子在事业上的表现也较为出色,也就是说延迟满足能力越强,更容易取得成功。从发展心理学的角度来看,"三岁看大,七岁看老",还是多少有一些道理的。

(二)婴幼儿自我意识的发展

把自己从周围世界中独立出来,是婴幼儿自我意识发展成熟的重要标志,也是个性特征的重要体现。婴幼儿的自我意识并不是一生下来就有的,而是在后天生活和教育的影响下,逐渐发展起来的。

1.自我认识的发展

婴幼儿自我认识的发展主要包括生理与心理自我的认识,以及自我评价的发展。

(1)自我认识

对自己身体的认识。刚出生的婴儿一开始无法认识到自己的存在,随着成长后来才会逐渐认识自己身体的各个部分,在成人的命令下会正确地指出"眼睛""鼻子""嘴巴"等。大约1岁零5个月至2岁时,婴儿才会渐渐地从认识自己身体各个部分过渡到认识自己的整体形象,他们看着镜子会知道镜子里的孩子就是自己,这个时候不仅认识了自己身体的每个部分,而且把自己当成了完整的个体来看待。大约2岁时,婴儿会从认识自己外在的整体形象转向认识自己内部的身体状态,有时候婴儿会在一些情境下说:"宝宝饿""宝宝饱饱""宝宝痛"等,这些都是认识自己内部身体状态的最初表现。到3岁左右,他们会将"你""我""他"的代名词与身体联系起来,比如,妮妮跑起来对妈妈说:"我跑了。"但是3岁之前婴儿多数是将自己的名字与身体联系起来,例如,2岁零5个月左右的妮妮就会跟妈妈说"妮妮跑了",而不是"我跑了"。

对自己行动的认识。1岁左右,婴儿会逐渐区分自己的动作和动作的对象,有时候婴儿玩玩具鸭的时候,无意间用手捏了一下,玩具鸭发出了"嘎嘎"的声音,这时候婴儿似乎感受到了自己的存在和力量,认识到自己的动作与玩具鸭"嘎嘎"声之间的关系。1岁左右的婴儿还会表现出最初的独立性,吃饭不肯让大人喂,会想着自己吃,到了两三岁独立性会更明显,婴儿能自己做的事情越来越多。

对自己心理活动的认识。对自己心理活动的认识相比认识身体和动作更需要一个高的思维发展水平。3岁左右,幼儿开始出现对自己内心活动的意识,意识到了"愿意"与"应该"的区别,"愿意"更多是自己主观,而"应该"更多是外界的要求,孩子说出"愿意"是其内心的想法,但是当说出"应该"时,说明孩子已经知道自己内心主观的想法要符合一定的规则。4岁以后,幼儿开始意识到自己的认识活动和语言,他们开始去观察、记忆、思考等,比如,教师组织幼儿去大自然中郊游,孩子看见植物、动物,一边会仔细观察,一边也会冒出很多"为什么"的问题,回到幼儿园老师问孩子刚刚都看见了什么小动物,孩子们纷纷张开了自己的小嘴巴说这个说那个,这个过程就是孩子观察、思考、记忆的过程。

(2)自我评价

婴幼儿的自我评价大概在2岁至3岁会出现,其发展过程具有以下特点:

第一,自我评价从主要依赖成人评价,逐渐向自己独立评价发展。婴幼儿初期,孩子对自己的评价多数情况下是依靠成人的看法,就像今天在幼儿园老师夸奖了萱萱是个好孩子,那萱萱的内心对自己的评价就会认为自己是个好孩子,这个年龄阶段的孩子就会把成人对自己的评价看作标准。等年龄稍微大点,他们开始发表自己的看法,对于成人眼中的"好孩子""坏孩子"也会产生疑问和质疑,这个时候表明孩子的自我评价已经从依靠成人评价向独立性评价发展了。

第二,自我评价以主观情绪性为主向初步的客观性发展。婴幼儿初期,他们对于自己的评价能够根据自己的主观要求进行调节。比如,与成人相比时,他们对自己的评价往往会较低,当得知与自己同龄的孩子相比时,则会对自己的评价较高,婴幼儿能够根据不同的对象调整自我评价的高低。到了婴幼儿晚期,婴幼儿对于自己的评价更多情况下会逐渐基于客观事实,多数情况下也不会直接地说自己"做得好",而是说"我不知道自己做得怎么样"等等。

第三,自我评价受婴幼儿认识水平的限制。婴幼儿受自身身心发展的限制,对事物的认识比较单一,注重表面,所以对自己的评价单一,比较笼统,多关注的是自己的行为方面。等年龄稍微大些,婴幼儿对自己的评价会更加全面,更加具体,更多依据的是客观事实,也会更加关注自己的内心品质方面。

2.自我体验的发展

自我体验是随着自我认识的发展而发展起来的,婴幼儿自我体验的发展具有以下特点:

第一,自我体验由生理性向社会性发展。婴幼儿最开始的自我体验与生理需要联系最为密切,会出现愉快或愤怒。例如,肚子饿了,感觉不舒服等。随着年龄增长,婴幼儿社会性的体验会增加,就会有委屈、自尊、羞愧感的体验。例如,做不好手工,会觉得自己很失败。

第二,自我体验发展水平不断深化。自我体验的发展水平是随着婴幼儿年龄增长而不断深化的,有时候对于愉快感的情绪体验,不同年龄的婴幼儿的体验程度不同。从"微笑""感到愉快""非常开心""我喜欢它""我爱它"等这样的言语表达中,可以看出婴幼儿自我体验的深刻性正在逐渐发展。

第三,自我体验的受暗示性。婴幼儿自我体验受到成人暗示的影响较大,比如,幼儿园教师在给幼儿讲述完一个绘本故事时,直接询问孩子的感受有什么,孩子可能立刻说不出什么来,但是教师如果说:"你们感到高兴,还是不高兴?"大多数孩子都能对这个故事产生自我体验。成人的暗示对于婴幼儿的自我体验影响很大,年龄越小的孩子表现得越明显,所以身为婴幼儿家长和教师要给予婴幼儿积极的心理暗示,帮助孩子建立积极的自信心。

3.自我控制的发展

自我控制是自我调节的一个重要部分,婴幼儿自我控制能力的发展主要表现在以下两个方面。

(1)自我控制的年龄特点

一般来说,婴儿在出身后的12～18个月就有了自控能力,而且自我控制能力是随着年龄增长而不断发展的。其中,3～5岁是婴幼儿自我控制能力发展的关键期;2岁的婴儿自我控制能力较低,且具有冲动性,主要依靠外界的力量完成;3～4岁发展较快,但坚持性和自制性发展较差;4～5岁的孩子这个时期迅速发展,有了一定的自我控制能力。

(2)自我控制的性别差异

婴幼儿的自我控制也存在性别上的发展差异,总的来说,3～5岁的幼儿自我控制能力存在明显的男女差异,一般都是女孩的自我控制力要高于男孩子,不管是在教学活动中,还是游戏活动上,女孩子的自我控制力都比男孩子要好。例如,"把小手放在桌子上,听老师说",女孩子保持这个动作的时间要比男孩子久一些。因此,我们要关注性别差异,采取不同的教育措施,促进婴幼儿自我控制能力的发展。

❋ 心灵小结

1. 婴幼儿的自我意识是个性的重要组成部分,主要包括自我认识、自我体验和自我调节三个部分。

2. 婴幼儿自我认识的发展一方面包括对自己身体、行动和心理活动的认识;另一方面是婴幼儿自我评价的发展。

3. 婴幼儿的自我体验的发展主要有三个特点,分别为:自我体验由生理性体验向社会性方向发展;自我体验的水平不断深化;自我体验的发展受成人影响较大。

4. 婴幼儿自我控制的发展特点具有年龄差异和性别差异,自我控制能力随着年龄呈上升趋势,女孩自我控制能力比男孩子好些。

二、小身体大能量——婴幼儿能力的发展

心理叙事

伤仲永

金溪有个叫方仲永的孩子,家中世代以耕田为业。仲永5岁时,还不认识书写工具。忽然有一天仲永哭着索要这些东西。他的父亲对此感到诧异,就从邻居那里把那些东西借来给他,仲永立刻写下了四句诗,并题上自己的名字。这首诗以赡养父母和团结同宗族的人为主旨,给全乡的秀才观赏。从此,指定事物让他作诗,方仲永立刻就能完成,并且诗的文采和道理都有值得欣赏的地方。同县的人们对此都感到非常惊奇,渐渐地都以宾客之礼对待他的父亲,有的人花钱求取仲永的诗。方仲永的父亲认为这样有利可图,就每天带着仲永四处拜访同县的人,不让他学习。

王安石在京城做官,很久就听说了仲永的名声。有一年,他跟随先父回到家乡,在舅舅家见到方仲永,他已经十二三岁了。王安石叫他作诗,发现做出来的诗已经不能与从前的名声相称。又过了七八年,王安石从扬州回来,再次到舅舅家去,问起方仲永的情况,舅舅回答说:"他的才能消失了,和普通人没有什么区别了。"王安石说:"方仲永的通达聪慧,是先天得到的,他的天赋,比一般有才能的人要优秀得多,但最终成为一个平凡的人,是因为他后天所受的教育还没有达到要求。"

他得到的天资是那样的好,没有受到正常的后天教育,也只能成为平凡的人,所以天资只是给婴幼儿提供了学习和实践的优越物质条件,如果没有后天的培养和孩子的努力,任何天才都是不能成功的。

从伤仲永的事例来看,5岁的仲永就具备了作诗的天赋,这个能力可以算作是仲永的特殊能力,相比于其他孩子具有得天独厚的资质,具备做出好诗这项活动的专门能力。其实,学前期婴幼儿的各项能力已经在不断发展了,甚至有些孩子已经在某些方面达到了一定的水平。有些孩子一般能力发展得较好,就像拥有较好的观察、记忆能力,看见大自然中的万事万物总会善于细心观察,对于眼睛看到的或者耳朵听到的都能够持久地记忆在脑海里;也可能有些孩子的

特殊能力发展得较好,有些孩子在绘画和舞蹈方面表现出较强的能力。

然而,仲永最后变成一般人令人惋惜,说明了一个深刻的道理:即使婴幼儿在某方面具备的天赋是多么好,即使某种能力已经达到了一定的高度,如果没有得到后天的及时教育,这种天赋也不会得到进一步的发展完善,最后也只能成为一个平凡的人。所以,身为婴幼儿家长和教师,需要做的就是要捕捉孩子素质发展的特点与优势,根据每位孩子的身心发展规律,在适当的时机实施适当的教育,开发孩子的潜能,促进婴幼儿能力的全面发展。

心理解读

能力是成功完成某项任务或活动时所需要具备的心理特征,比如,完成手工活动需要动手操作能力、观察能力、思维能力等。个体参加的活动体现了他们的能力,反过来,这些能力又是促进活动顺利完成的必备条件。比如,婴幼儿在积木的搭建活动中具有较强的动手操作能力,而这种动手操作能力又是促进搭建活动完成的必备条件;幼儿在讲述故事的活动中具有较强的言语表达能力,这种较强的言语表达能力就是成功完成故事讲述活动的必备条件。

(一)婴幼儿能力的类型

婴幼儿能力的类型很多,划分的依据不同,能力类型也不一样。

1. 一般能力和特殊能力

一般能力是指进行各种活动中必须具备的基本能力,它能够保障个体有效地认识世界,又称为智力,主要包括观察力、记忆力、想象力、思维力、注意力等,一般能力以抽象概括能力为核心。一般能力的适用范围广,是婴幼儿顺利进行生活、学习、活动所需要的基本能力。例如,完成游戏活动需要观察力、注意力、思维力等综合参与,可以说,婴幼儿完成任何一项活动,都需要一般能力。特殊能力又称作专门能力,是顺利完成某项专门活动所必备的能力,例如,音乐能力、运动能力、绘画能力等都属于特殊能力。

一般情况下,一般能力和特殊能力是相互联系的,一般能力是特殊能力发展的基础,特殊能力反过来也会促进一般能力发展。比如观察能力属于一般能力,绘画能力属于特殊能力,观察能力强,就能分辨很细微的色彩差异,会促进绘画能力的特殊发展,反之,高超的绘画能力会进一步地促进观察能力的发展。

2.认知能力、操作能力和社交能力

认知能力就是学习、研究、理解、概括和分析的能力,有时候给婴幼儿讲述了一个故事,最后询问他们是否理解了故事并且要求将故事描述出来,这儿体现的就是婴幼儿认知能力。认知能力是婴幼儿掌握知识,完成各项活动所具备的最基本、最重要的心理条件。操作能力是指操作、制作和运动的能力,通俗来说就是平时所说的动手能力和体育运动能力,比如婴幼儿在手工活动中所表现的动手操作能力、在体育活动中表现的运动能力等都属于运动操作能力。社交能力是人们在社会交往中所表现出的能力,包含组织管理能力和言语感染能力等。例如,游戏活动中的交往能力。

(二)婴幼儿能力的发展特点

1.婴幼儿多种能力的显现与特点

(1)操作能力最早表现,并逐步发展

1岁左右,婴儿操作物体的能力逐渐发展起来,随着婴儿走、跑、跳等大肢体动作和手指精细动作的完善,他们能够触及更多的物体,在进行操作的过程中,他们的操作能力也到了发展。例如,1岁的婴儿总是会想着用手拿这个或者那个,有想要控制物体的欲望,等到了能够自由活动的时候,他们逐渐有了自己的想法,在操作物体的过程中也会渐渐地按着自己的想法来,并在日常生活中锻炼这种操作能力。

(2)言语能力在婴儿期发展迅速,口语发展的关键期是幼儿期

婴儿言语能力从1岁左右开始发展,在短短的几年内发展迅速,他们能够掌握基本的口语词汇。3岁时词汇量大概是800~1 100个,4岁时约1 600~2 000个,5岁时约2 200~3 000个,6岁约3 000~4 000个,这一速度在幼儿期以后的各个发展阶段是达不到的。此外,婴幼儿在这个阶段还会掌握各种句法结构,口语表达能力也进一步得到加强。

(3)模仿能力发展迅速

婴幼儿的模仿能力是非常强的,在日常生活中,经常看见婴幼儿会模仿他人说话的语句,说话的方式;也会看见婴幼儿模仿他人的行为动作。婴幼儿由

于自身发展的限制,缺少对事物的认知,因此看见别人的行为或者听见别人的言语,感到好奇有趣便会主动地去模仿,作为婴幼儿的父母是与婴幼儿接触最久的人,其一言一行都能给孩子带来很大的影响,因此,幼儿父母要规范自己的言语行为,给孩子树立良好的榜样。

(4)特殊能力有所表现

在婴幼儿早期,有些婴儿就已经展现了某些方面的特殊才能,例如,有些婴儿可能在音乐方面,如听儿歌时特别专注;有些可能在绘画方面,拿着画笔"乱涂乱画";还有一些会在数学或者计算机等各个方面天赋异禀。世界上很多艺术大师,很早的时候就表现出了他们的特殊才能。例如,奥地利音乐家莫扎特3岁就能在钢琴上弹奏简单的和弦,5岁开始作曲,8岁试作交响乐;我国古代诗人杜甫5岁就能作诗;王勃6岁善文辞。

(5)创造能力的萌芽

在婴幼儿期,孩子的创造潜能是巨大的,主要体现在孩子的绘画作品上,在孩子的脑海里,绘画是没有约定俗成的规定,没有一成不变的条条框框,孩子自由自在地想象着他们脑海里的世界,他们可能会把小河涂成红色,也可能会把白云涂成蓝色;也可以在故事讲述中,创编故事情节,孩子们总会给你带来想象不到的惊喜,也会一本正经地说出他们这样做的理由,这就是他们创造能力的最初表现。

2.智力发展迅速

美国教育家布鲁姆曾经形象地指出,出生后头4年婴幼儿的智力发展最快,获得了智力发展成熟的一半;4岁~8岁智力发展速度会比头4年慢很多,以后发展的速度会逐渐减慢。由此可以看出,婴幼儿期是智力发展的关键时期,而且,随着年龄的增长,不同年龄段的智力优势因素会有差异,因为婴幼儿的智力是由多种因素组成的,发展趋势就是各种智力因素的发展水平和速度的不断变化,因此成人应关注不同年龄阶段婴幼儿智力发展特点,对婴幼儿的智力进行针对性的培养。

3.能力表现存在个体差异

婴幼儿的能力在形成过程中也会出现个体差异。比如,同龄同性别的孩子,有些孩子的记忆能力好,老师教了一遍的儿歌,自己跟着老师后面哼唱一遍就会了;有些孩子的表达能力好,既能用身体表达自己,又能用语言清晰流畅地说出来;相反有些孩子可能别人再怎么解释一件事,他还是很难理解,所以婴幼儿的能力在个体之间的差异还是很大的,但每个婴幼儿总会有属于自己的"优势"和"劣势",我们需要做的就是扬长避短,发现孩子的"闪光点",弥补孩子能力发展的不足,促进幼儿各方面能力全面和谐自由的发展。

❋ 心灵小结

1.能力的类型很多,划分的依据不同,能力类型也不一样。

2.婴幼儿的模仿能力是非常强的,在日常生活中,我们的一言一行都能给孩子带来很大的影响,因此我们要规范自己的言语行为,给孩子树立良好的榜样。

3.在婴幼儿期,孩子的创造潜能是巨大的,我们要关注孩子的一言一行,发掘孩子的潜能,促进其创造能力的发展。

4.婴幼儿的能力具有个体差异性,但每个婴幼儿总会有属于自己的"优势"和"劣势",我们需要做的就是扬长避短,发现孩子的"闪光点",弥补孩子能力发展的不足,促进幼儿各方面能力全面和谐自由的发展。

三、活泼还是安静——婴幼儿性格和气质的发展

✿ 心理叙事

在幼儿园其其的性子很急,每次到了阅读时间,他都是第一个冲到绘本图书角,拿了一大沓绘本,老师让他慢点走,他还是一如往常地跑过去,同时绘本翻得很快,即使有新书也很快翻几下就看完了。其次,他喜欢活动量大的活动,像那种跑、跳、爬的游戏尤其喜欢。除此之外,其其还非常喜欢逞能"表现"。有一次全班小朋友正在排队,他突然跑出队伍,用力拉住正在转动的转椅;老师上课提问时,不管他会不会回答,都会热情十足,积极回应老师的问题,对老师的

提问常常没有听清楚就急着回答,因此常常答非所问。他上课时坐不住,随便站起来,或在椅子上乱动,常常发出叫声,即使老师对他有所示意,他仍然克制不住自己。

君君是小一班的小女生,入园一段时间了,李老师观察到她很安静、不好动、不善言谈、不愿意与同伴交往、是个典型的性格内向的孩子。老师通过了解,知道她生长在一个单亲家庭中,父母的离异对她幼小的心灵留下了伤痕,父亲角色的经常缺失,以及妈妈对她关心的不多,久而久之她的性格变得孤僻内向了,不爱说话了。作为她的老师,下定决心要帮助她找回快乐。通过进一步的观察,君君总是沉默寡言、说话声音低微、在户外游戏时喜欢一个人在旁默不作声,但是偶尔看到别的同伴快乐地玩耍时,她在一旁也会微微一笑。李老师决定在幼儿园的生活中多关心君君,与君君的交流机会与日俱增,慢慢地,君君也开始信任老师,渐渐地向老师敞开了心扉,自己逐渐开朗起来,整个人像变了样似的。

从上面的两则事例来看,其其和君君两个孩子的行为表现可以说是天壤之别,一个好动,一个好静,从心理学的视角来看,他们两个的行为表现差异属于典型的气质和性格差异。案例中,其其总是非常热情,甚至有点过于"活泼",面对老师的问题总是会有所回应,也会在不恰当的时机乐于表现自己,从其其的行为表现来看,其气质类型偏向胆汁质,这种气质类型的孩子容易兴奋,脾气急躁,而且精力旺盛,热情十足,性格类型属于外向型。通过君君的事例可知,君君不爱说话,不爱参加活动,喜欢安静,气质类型偏向于抑郁质,性格类型属于偏安静型,是个典型的性格内向的女孩子。两个孩子因为气质和性格的不同,行为方式也存在差异,体现了他们特有的个性特点。

那到底是活泼点好还是内向点好呢?答案是没有标准的,各有利弊,有些孩子可能"过于活泼",这个时候我们就需要采取相应的教育措施让他平衡点,发扬他热情、积极的优点,也会在适当的时机让他学会沉着冷静;有些孩子可能"过于安静",我们同样是让他平衡点,鼓励他参与集体活动,多和小朋支交流的同时,发扬他沉着冷静,心态平稳的优点。

心理解读

在日常生活中,有些孩子天生就活泼好动;有些孩子天生就安安静静;有些孩子做事慢慢吞吞;有些孩子做事风风火火的,其实这就是婴幼儿之间气质的差异。气质是表现人心理活动的强度、速度、灵活性、倾向性等方面的动力特征,使人全部的心理活动都带有个人色彩。不同气质的人,他们的行为特点,情绪类型、言语速度等都各有特点,直接影响孩子性格的形成和个性的发展。性格是个人对客观现实稳定的态度和习惯化的行为方式,是个性中最重要的心理特征。气质和性格两者紧密联系共同塑造婴幼儿的个性。

(一)气质的类型

气质主要与大脑神经活动的类型有关,是神经活动类型的心理表现,是个体生来就具有的心理特征,没有好坏之分。根据神经活动类型的差异,可以将气质分为以下四种类型:

1. 胆汁质

相当于神经活动强而不平衡型。胆汁质的婴幼儿反应速度比较快,具有较高的主动性和反应性,他们情感和动作迅速且强烈,有明显的外部表现;活泼开朗,热情坦率,能以极高的热情从事某项事业;但是脾气急躁,情感易冲动,兴奋时决心克服困难,精力耗尽时,情绪又一落千丈。例如上述案例中的其其就属于比较典型的胆汁质气质类型。

2. 多血质

相当于神经活动强而平衡又灵活的活泼型。这类婴幼儿情感和动作发生快,变化快;有热情、有能力、适应性强,喜欢交际;精神愉快,机智灵活;但注意力和兴趣易转移,情绪易改变,不稳定;在意志力方面缺乏忍耐性,意志力不够持久。

3. 黏液质

相当于神经活动强而均衡的安静型。这类婴幼儿情感和行为动作迟缓,稳定,缺乏灵活性;平静温和,善于克制忍让;生活规律,埋头苦干,严肃认真;但不够灵活,注意力不易转移,缺乏激情。

4.抑郁质

相当于神经活动弱型,兴奋和抑郁过程都弱。这种婴幼儿情感和动作相当缓慢、柔和;比较沉静温顺;办事稳妥,做事坚定,能克服困难;但是比较敏感易受挫折,受挫后常心神不安;不善交往,较为孤僻,具有内倾性。例如上述案例中的君君就是比较典型的抑郁质气质类型。

(二)性格的类型

性格是个体习惯化了的态度和行为方式,是在后天生活环境的影响下逐渐形成发展起来的,生活环境不同,人的性格也会有差异,因此,性格有好坏之分。根据个体在社会生活适应方式上的不同,性格可以分为以下两种:

1.外倾型

外倾型的孩子个性好动、善于社会交往,他们的心理活动指向外部世界,比较关注外界所发生的事情,追求刺激,敢于冒险;情绪上无忧无虑,随和,乐观,爱开玩笑,易怒也易平息,行动往往欠思考;人际交往上喜欢跟同伴交流,喜欢交朋友,喜欢一起玩耍;做事上独立自主,动作敏捷。例如上述案例中的其其就是典型的外倾型性格类型。

2.内倾型

内倾型孩子个性沉静、不善于社会交往,他们的心理活动指向自己的内部世界,自我剖析,喜欢安静,小心谨慎;情绪上孤独忧郁,严于律己,不善欢笑,不易发怒,有些悲观;行动深思熟虑;人际交往上喜欢独处,爱好读书,喜欢冷淡;做事严谨,倾向于事先计划,三思而后行,少有侵犯行为;内倾型的孩子有时会出现适应困难。例如上述案例中的君君就属于典型的内倾型性格类型。

(三)气质和性格的发展特点

1.气质的特点

(1)具有相对稳定性

在人的个性心理特征中,人的气质是最早出现也是变化最为缓慢的。婴幼儿从出生时就已经具备了一定的气质,在整个婴幼儿期都会保持相对的稳定性。不管在任何时间、任何情境中,婴幼儿身上的气质会一直保持稳定,很少改变。例如,多血质类型的孩子,2个月时在睡眠过程中给他换尿布,比较爱动;到5岁后,吃饭时候也爱动,常离开饭桌,不能安安静静地吃饭,在幼儿园和外面吃饭时也一样。相反,抑郁质类型的孩子,小时候在睡眠中能够安安静静地让大人换尿布,到5岁后,吃饭时也是能坐住板凳的,安安静静的,在幼儿园和外面吃饭的时候也同样如此。

(2)具有个体差异性

婴幼儿在出生以后就可以表现出气质的个体差异。到年龄稍微大点时,婴幼儿的气质类型就可以明显地显现出来,有些孩子天生活泼好动,"屁股坐不住板凳";有些孩子安安静静,不爱说话。婴幼儿个性初步形成时,个性的个体差异就能在气质方面表现出来。

(3)具有一定的可变性

针对气质的稳定性,我们可以说"江山易改,秉性难移",虽然婴幼儿气质具有相对稳定性,但也不是一成不变的,后天的教育和生活也是可以在一定程度上改变婴幼儿的气质。就像一个胆汁质的幼儿,在幼儿园经常"坐不住板凳",教师为了让他们养成良好的行为习惯,在一定情况下就会改善幼儿冲动、脾气急躁的行为;一个抑郁质的孩子,家长观察到孩子天生性格内向,甚至孤僻,便会创造条件让孩子多交流,多沟通,改善孤僻的特点。

2.性格的特点

不同的婴幼儿都有属于自己的性格特点,但是同龄的婴幼儿也有一些共同的性格特点,年龄越小这些共同的性格特点越明显,年龄增大,性格的差异也会增大。婴幼儿相同的性格特点主要表现在以下几个方面。

(1)活泼好动

活泼好动是婴幼儿的天性,也是婴幼儿性格最明显的特征之一。婴幼儿总是喜欢做不同的动作,并且喜欢变换各种动作,他们不会因此而感到疲惫,反而会因为单调的活动而感到无聊。活泼好动也与婴幼儿的身体发育有关,身体的运动也有利于孩子的生长发育。活泼好动的性格特征会让自己主动做一些力所能及的事情,容易养成勤快、好劳动的性格特征,但如果成人过多干涉,则会打击孩子的自信心,容易养成懒惰的性格。

(2)好奇好问

婴幼儿有着强烈的好奇心和求知欲,主要表现在探索行为和好奇好问。这个世界对于婴幼儿来说是充满未知的,他们喜欢看看、摸摸、听听,好奇好问容易让孩子产生思考和探索的倾向。思考主要表现在婴幼儿喜欢问"为什么",面对自己不懂的问题,他们喜欢"打破砂锅问到底",他们试图去认识世界,弄懂事情发生的原委;探索的表现比较外露,一般不仅用自己的视线去观察,还会用手去摆弄物体。好奇好问的性格,如果正确引导能让孩子养成勤奋学习,进取心强的性格特征,如果成人对于孩子的好奇好问,指责过多或者不管不问,则会扼杀孩子良好性格形成的萌芽。

(3)爱好模仿

模仿是婴幼儿期的典型特点,年龄较小的孩子表现最为突出。最喜欢模仿的是别人的动作和语言,模仿的对象可以是自己的同伴,也可以是成人,成人多为自己的父母和老师。例如,在幼儿园里经常会出现这样的一幕:一个男孩会说:"妈妈给我买了玩具小汽车。"这时旁边的小男孩听后也会说:"我爸爸也给我买了一个小汽车。"实际上旁边男孩的爸爸并没有给他儿子买小汽车,按理说这也算不上撒谎,只是这个年龄阶段的孩子的心理发展特点。在家庭生活中,孩子模仿父母的言行更为明显,父母说的一句话,做的一个动作可能被孩子仔仔细细地记在心里,因此父母要规范好自己的行为,为孩子树立一个优秀的榜样。

(4)好冲动

婴幼儿的性格在情绪方面的表现就是情绪易冲动,不稳定,自制力不够。例如,婴幼儿喜欢做任务,但是心里急于完成任务,往往会马虎大意;有时候婴幼儿出于情绪提出某些问题,但是提问过后也没有想听到解释,并不是为了提问而提出。婴幼儿的思想比较外露,喜形于色,如果通过正确引导,容易养成胸怀坦荡,乐于思考、善于处理问题的性格特点。

❋ 心灵小结

1.根据神经活动类型的差异,可以将气质分为以下四种类型:胆汁质、多血质、黏液质和抑郁质。

2.模仿是婴幼儿期的典型特点,孩子模仿父母的言行更为明显,父母说的一句话,做的一个动作可能被孩子仔仔细细地记在心里,因此父母要规范好自己的行为,为孩子树立一个优秀的榜样。

3.气质和性格都不容易改变,因此教师和家长要从小培养幼儿形成良好的个性特征。

四、培养婴幼儿个性的小小建议

心理叙事

2岁零4个月的丽丽现在什么都想着自己来,感觉自己"亲力亲为"会更好,吃饭妈妈喂她,她连忙摇摇头嘴巴紧闭不想吃,自己动手拿起勺子反而能大口大口地吃下去,似乎现在的丽丽独立性更大了点,但是同时妈妈也产生了一些担忧。现在的丽丽能够自由活动了,有一次妈妈看见丽丽踩着小板凳,趴在客厅的桌子上面,妈妈看见喊了丽丽一声,丽丽一回头脚没踩住,从小板凳上摔了下来,从此以后妈妈基本上对丽丽"跟前跑后""形影不离"。妈妈拿着拖把拖地时,丽丽也哭喊着要拖地,可妈妈一看丽丽还没拖把长,想到可能拖把还会绊到她,索性也没理睬丽丽,自己三下五下就把地拖完了;丽丽看见妈妈在厨房刷碗,心想着帮着妈妈,但是妈妈担心洗水池水太多可能容易滑倒就拒绝了丽丽的要求。妈妈为了孩子的安全考虑,总是拒绝孩子的要求,孩子也只是想自己动手尝试下,却屡遭拒绝,孩子的安全固然重要,但妈妈在拒绝的同时是否考虑到你可能正在拒绝孩子的个性成长呢?

(一)是保护还是束缚

在婴幼儿的教育中,孩子的安全教育尤为重要,但是安全教育容易让家长和教师陷入误区,认为安全教育就是让孩子远离危险才能让孩子得到保护。家长和教师出于安全考虑,会限制孩子接触看似危险的事物,把孩子是否"听话"作为标准,有时当孩子没有按他们的要求做的时候,甚至会大声呵斥,让孩子以后变得畏首畏尾。这样看来,婴幼儿的生命安全是得到了一定的保护,但在保护婴幼儿安全的同时,是否把促进婴幼儿个性成长的萌芽也同时扼杀在了摇篮里了呢?那身为家长和教师又该怎么做呢?

家长:家长是婴幼儿的第一任老师,与孩子的接触时间最长,孩子一点一滴的变化都应该看在眼里,当孩子的个性开始萌芽时,家长就应该进行适时适当的家庭教育了。俗话说"懒家长,勤孩子",就是强调在保护孩子的同时不要束缚孩子,放手让孩子自己动手去尝试,认识自己的同时,也能认识这个世界,感受自己的成长,感知这个世界的奇妙。不要把孩子是否"听话"作为考核孩子是否真正成长的标杆,我们要明白活泼好动才是这个年龄孩子的天性,在婴幼儿一言一行中寻找孩子个性发展的"幼苗",家长需要用心浇灌,保护这棵"幼苗"避免狂风暴雨的"摧残",也要适时地让大风大雨"洗礼",这样孩子的个性才会健康茁壮地成长。

教师:在幼儿园里,教师常常忠实地按着教学计划实施教学,甚至为了完成教学任务,对于教学过程中孩子的某些诉求也置之不顾,希望孩子能够服从老师的安排,这样真的好吗?教师执行教学计划的最终目的也是为了孩子的健康成长,如果只是按着书面的教学计划实施,不懂得灵活变通,最终教师的教学也只是停留在书面上。俗话说"一切为了孩子",说的就是幼儿园的教学活动应该服务于孩子,而不是让孩子服务于教学,二者不能错位。对待不同孩子的个性发展,身为教师要仔细观察,抓住孩子的身心发展特点,实施个性化的课程,做孩子个性全面发展的"引路人"。

(二)是自由还是放纵

3岁的妞妞刚上幼儿园,进入幼儿园小班的第一天就大哭大闹,吵着要回家,哭了几次后就慢慢地适应幼儿园生活了,也不哭不闹了,情绪稳定了,但是个性上的问题也随之显现出来了。在幼儿园内,只要老师的要求没有达到妞妞的心意,她就双手叉腰,嘴里嘟囔道:"我生气了!"俨然是一个生气的小公主;和其他小朋友游戏的过程中,她就像一个领导人,指挥着谁必须做什么,完全不顾其他小朋友的需要,在整个游戏的过程中显得十分"霸道"。后经了解才知道,妞妞的爸爸妈妈工作十分繁忙,平时都是由奶奶照看,但是深知孩子个性发展的重要性,所以孩子的要求都会尽量满足,爷爷奶奶因为疼爱宝贝孙女,也会加倍溺爱,但是妞妞现在的表现真的做到了个性健康发展了吗?

重视孩子的个性发展没有错,想要孩子个性全面发展,就要给予孩子适当的空间,适当的自由,这也没有错,但是案例中妞妞被给予的自由就不是很"适当"了,甚至可以说自由变成了放纵,父母给的自由过了"度",爷爷奶奶更进一步地溺爱,虽然不清楚将来妞妞的个性是否得到了健康发展,但是目前已经看到了她性格中的不足之处。在实际生活中,又存在着多少像妞妞一样的家长呢?面对孩子的发展,家长总是想要给予孩子最完美的环境,让孩子把自由发挥得淋漓尽致,但是自由也要有度,家长和教师也应该在放手的同时扮演好自己的角色。

家长:在快节奏的社会,家长们忙于工作,很多孩子都是由老一辈的长辈看待,长辈大多数会无止境地溺爱,孩子拥有绝对的自由。如果个性发展走上正确的轨道,那对孩子来说是正确的成长;如果孩子的个性发展轨道走偏了,将会影响他们的心理健康,因此家长需要与长辈沟通好教育方式,只有双方拥有一致的教育理念,才能指引孩子朝着好的方向发展。另一方面,家长再忙碌也要对孩子的教育"亲力亲为",孩子的成长最不能缺失的就是父母的陪伴,这是任何人都代替不了的事,父母想要把最好的一切都给予孩子,这没有问题,但是自由不是放纵,家长也要了解相关的专业育儿知识,在合适的范围内促进孩子个性的全面发展。

教师:教师也是接触婴幼儿时间较长的成人,并且教师掌握幼儿相关的教育学和心理学的专业知识。在幼儿教育过程中,要秉承"幼儿为主"的教育理念,把幼儿放在教育的主体地位,重视每个幼儿个性的全面发展,但是有时候教师给予幼儿的自由太多,孩子的个性反而没有得到正确的引导,发展方向会走偏。婴幼儿时期正是养成各种行为习惯和道德品质的重要时期,孩子就像盆栽,需要定期地修剪,才会茁壮成长。教师在给予孩子自由发展的同时,也要对他们的行为和道德进行相关的指引和教育。例如,设计相关的课程,开展相关的活动,实施针对性的教育,促进他们个性和谐全面发展。

心理解读

个性是婴幼儿人格发展的独特方面,每个婴幼儿的心理发展和个性养成都是特异的,都有自己独特的发展道路。作为家长和幼儿教师应当树立正确的育儿观念,根据婴幼儿心理发展的独特性和差异性,采取不同的措施来发展婴幼儿的个性潜能。

(一)家长层面

1. 秉持正确的教育理念,促进个性发展

家长是婴幼儿个性成长的天然老师,家长教育孩子的方式是否可取,首先看家长是否秉持着正确的教育理念。教育理念指导教育行为,只有正确的理念才能指导出正确的行为。传统的教育理念通常是只要考试考得好,其他一切都很好,把孩子评价的重心放在了考试的分数上。虽然考试分数能够在一定程度上考察孩子的能力,但是其缺点还是很多的。如果家长只强调考试结果,只关注分数,那就很难了解孩子的个性发展以及在成长过程中的具体表现。随着时代的发展,家长的教育理念也在不断更新,很多家长都希望参与到孩子的成长过程中,也更加尊重孩子的兴趣爱好,希望孩子能够做自己喜欢的事,这种想法是正确的,但是家长也要主动地了解相关的专业育儿知识,做到严而有度,促进孩子的个性发展。

2. 创设良好的家庭成长环境

家长想要孩子健康成长,首先就要提供给孩子一个良好的家庭环境,尤其是给孩子一个丰富的精神环境。一个丰富环境的给予,首先是爸爸妈妈和孩子构成的家庭氛围是否温馨友爱。试想一下,如果父母整日争吵,这样的环境只会伤害孩子的个性成长;爸爸妈妈亲密友爱,这样孩子会受到感染,对于其他人或事物才会保持积极乐观的心态。其次是父母的陪伴。孩子的成长最不能缺失的就是"陪伴",而这里的陪伴对象最好是父母,其他人都代替不了。留守儿童因为父母外出打工,常年不在家,在孩子最关键的身心发展时期缺失了父母的陪伴,这是永远无法弥补的痛处。最后是家长要去了解孩子的个性特点。家长对于孩子的某些选择要给予尊重,并且要信任孩子能够完成。如果孩子最亲密的家人都不相信他,还有谁能够给予他们健康成长的坚实后盾。

(二)教师层面

1. 转变教育理念,把握婴幼儿个性差异

从幼儿入园接受教育开始,教师在幼儿个性发展中就扮演着重要的角色了。身为幼教工作者,教师首先要摆脱过去的传统思想,树立"一切为了孩子"教育理念,把幼儿放在教育的中心地位,一切教育活动都是围绕幼儿设计与实施。这就要求幼儿教师要运用自己的专业知识认真地去了解每一位幼儿的身心发展特点,尊重每一位幼儿的个性差异,公平、公正地对待每一位幼儿,才会促进他们个性的健康发展。

2. 创新教学方法,发展婴幼儿的潜能

身为幼儿教师光有理论知识和教育观念是远远不够的,最关键的是,能否将知识和先进的教育理念有效地运用到教育实践中。传统的教学方式是一对多,重视知识传授,现在更关注孩子的健康快乐、个性和谐发展。这就需要教师不断地创新自己的教学方法,在教育实践中开展幼儿教育研究,开发各种类型的课程,创新教学模式,能够关注每个孩子的兴趣爱好。比如,有些教学活动、游戏活动、区角设计等不太适合孩子或者没有受到孩子的喜欢,就要考虑对其进行改变;在教学实践中,教师也要留心观察孩子的个性发展,做好记录。如果孩子们对绘画感兴趣,那教师就可以开展相关的活动进一步开发孩子在这方面的潜能。幼儿教师要牢记:自己做的这一切都是为了孩子个性的健康发展。

(三)家园合作

孩子个性的健康发展同样离不开家园合作,仅仅依靠一方的付出是完全不够的。家长是孩子个性健康成长的"守夜人",在与孩子朝夕相处的日子里,发现孩子一点一滴的变化,站在孩子的角度看问题,关注孩子的内心需求,要及时地与教师交流孩子的成长变化,在确保孩子茁壮成长的范围内让孩子充分发挥个性;教师是孩子个性成长的"指路人",在幼儿园,教师与孩子相处的时间最长,对孩子的影响也最深刻。教师要在幼儿园的生活中,用心观察孩子的变化,适时地与家长沟通交流,寻求家长的支持和帮助,形成教育合力,共同为孩子个性的全面发展保驾护航。

❋ 心灵小结

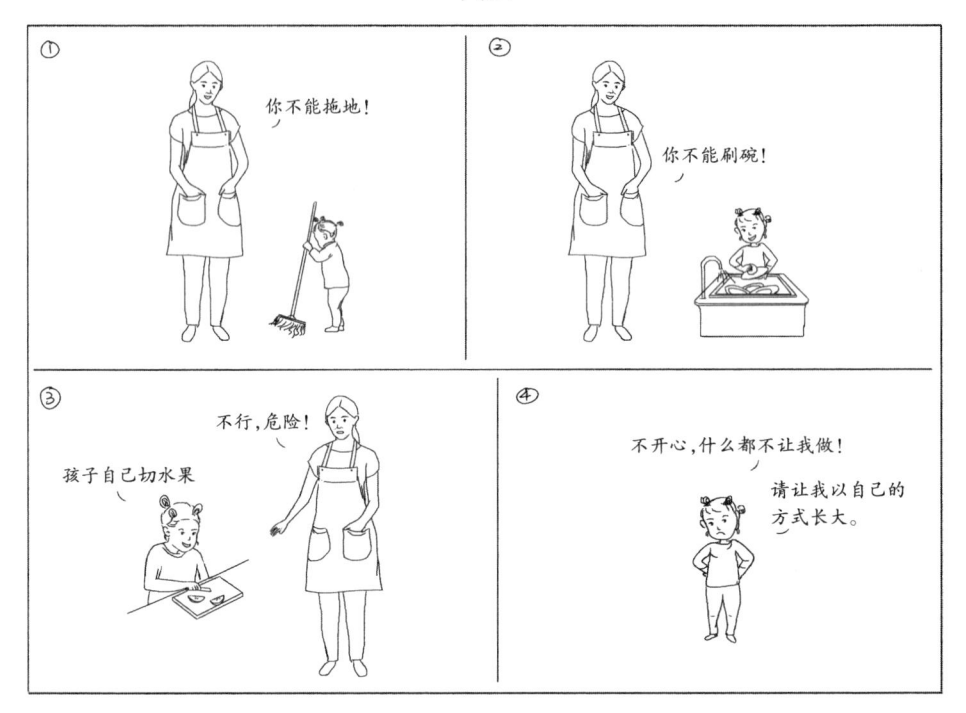

不行！

① 你不能拖地！

② 你不能刷碗！

③ 孩子自己切水果 —— 不行，危险！

④ 不开心，什么都不让我做！请让我以自己的方式长大。

参考文献

[1]薛俊楠,马璐.(2018).学前儿童发展心理学[M].北京:北京理工大学出版社.

[2]周宗奎.(2000).现代儿童发展心理学[M].合肥:安徽人民出版社.

[3]钱峰,汪乃铭.(2005).学前心理学[M].上海:复旦大学出版社.

[4][瑞士]皮亚杰,英海尔德.(1980).儿童心理学[M].吴福元 译.北京:商务印书馆.

[5]朱智贤.(1979).儿童心理学上册[M].北京:人民教育出版社.

[6]周念丽.(1999).学前儿童发展心理学[M].上海:华东师范大学出版社.

[7]陈帼眉.(2003).学前心理学[M].北京:人民教育出版社.

[8]李红.(2007).幼儿心理学[M].北京:人民教育出版社.

[9]但菲,刘彦华.(2008).婴幼儿心理发展与教育[M].北京:人民出版社.

[10]孟昭兰.(2007).情绪心理学[M].北京:北京大学出版社.

[11]华爱华.(2009).论婴幼儿早期发展中"教"与"养"关系[J].华东师范大学学报(教育科学版),27(02):47-51.

[12]陈英和,白柳,李龙凤.(2015).道德情绪的特点、发展及其对行为的影响[J].心理与行为研究,13(05):627-636.

[13]朱智贤,林崇德.(1988).儿童心理学史[M].北京:北京师范大学出版社.

[14][瑞士]让·皮亚杰.(1980).儿童的语言与思维[M].傅统先 译.北京:文化教育出版社.

[15]孟昭兰.(1997).婴儿心理学[M].北京:北京大学出版社.

[16]蒋建敏.(2018).幼儿心理发展与家庭教育[M].东营:中国石油大学出版社.

[17]谭家得,谭敏,何茜.(2015).幼儿心理发展[M].成都:西南财经大学出版社.

[18]李红.(2007).幼儿心理学[M].北京:人民教育出版社.

[19]林泳海.(2006).幼儿教育心理学[M].北京:商务印书馆.

[20]吴建光,崔华芳.(2007).培养孩子记忆力的50种方法[M].北京:北京工业大学出版社.

[21]朱晓宏.(2009).儿童的成长:另一种记忆——学校道德氛围的改造与重建[M].南京:江苏教育出版社.

[22][美]马斯洛.(1987).动机与人格[M].许金声 等译.北京:华夏出版社.

[23][苏]奥布霍娃.(1988).皮亚杰的概念:赞成与反对[M].史民德 译.北京:商务印书馆.

[24][美]小查尔斯·H.泽纳.(2014).婴幼儿心理健康手册[M].刘文 译.北京:中国人民大学出版社.

[25][英]朱莉娅·贝里曼.(2000).心理学与你[M].武国城,武跃国 译.北京:北京大学出版社.

[26]黄希庭,郑涌.(2015),心理学导论[M].北京:人民教育出版社.

[27] Gerrig, R. J. (2013). *Psychology and Life* (20th ed). New Jersey: Pearson Education, Inc.

[28]Paris, B.(2015).Hands on to Help Others: Service-Learning as a Cross-Cultural Strategy to Promote Empathy and Moral Development in the Preschool Classroom. *Childhood Education*, 91(6).

[29]Shaffer, D. R., & Kipp, K. (1985). *Developmental Psychology: Childhood and Adolescence*.Northwoods: Cole Publishing Co.

[30]Liebert, R. M. (1981). *Developmental Psychology*. Englewood Cliffs: Prentice-Hall, Inc.

［31］Windmiller, M., & Lambert, N., & Turiel, E .(1980). *Moral Development And Socialization.* Boston: Allyn and Bacon.

［32］Singer, R. D., & Singer, A. (1969). *Psychological Development in Children.* Philadelphia: W.B. Saunders Co.

［33］Bernfeld, S.(1999). *The Psychology of the Infant.* London: Routledge .

［34］Ornstein, P.A.(2014). *Memory Development in Children.* London: Psychology Press .